隐蔽的宇宙

探索人与自然和谐共生的未来

THE HIDDEN UNIVERSE

Adventures in Biodiversity

[巴西]亚历山大 · 安东内利（Alexandre Antonelli） 著
喻柏雅 译

人民邮电出版社
北京

图书在版编目（CIP）数据

隐蔽的宇宙 : 探索人与自然和谐共生的未来 / (巴西) 亚历山大•安东内利 (Alexandre Antonelli) 著; 喻柏雅译. -- 北京 : 人民邮电出版社, 2023.5
ISBN 978-7-115-61120-8

Ⅰ. ①隐… Ⅱ. ①亚… ②喻… Ⅲ. ①生物多样性 Ⅳ. ①Q16

中国国家版本馆CIP数据核字(2023)第016251号

版权声明

◆著　[巴西] 亚历山大・安东内利（Alexandre Antonelli）
译　喻柏雅
责任编辑　王铎霖
责任印制　周昇亮
◆人民邮电出版社出版发行　北京市丰台区成寿寺路 11 号
邮编 100164　电子邮件 315@ptpress.com.cn
网址 https://www.ptpress.com.cn
河北京平诚乾印刷有限公司印刷
◆开本：880×1230　1/32
印张：7　2023 年 5 月第 1 版
字数：200 千字　2023 年 5 月河北第 1 次印刷
著作权合同登记号　图字：01-2022-4458 号

定　价：68.00 元

读者服务热线：（010）81055522　印装质量热线：（010）81055316
反盗版热线：（010）81055315
广告经营许可证：京东市监广登字20170147号

前言

成为世界上首屈一指的植物和真菌研究机构——英国皇家植物园（邱园）的科学部主任，是我孩提时不曾梦想拥有的一份荣誉和责任。我在巴西东南部靠近大西洋雨林的地方长大，正是在那些极具多样性、充满生命力的美妙森林里，我萌生了对大自然的热爱。我收集昆虫、种子、贝壳以及其他东西，一丝不苟地给它们全部贴上标签，进行整理，分门别类地把它们放在底部加了一层泡沫塑料的旧鞋盒里。

做这些事既让我快乐，又让我沮丧，我很少能在市图书馆里的生物学译著中查到我发现的这些东西的名称。为什么我们还不知晓生活在地球上的所有物种呢？早年的这种兴趣和探索隐蔽的动植物世界的愿望始终伴随着我的学习生活和职业生涯：起初是在巴西，我那时还是一个年轻学生；后来是在瑞典，我搬到那里是为了追随我的瑞典籍妻子安娜——我们相识于离中美洲洪都拉斯海岸不远的加勒比海乌蒂拉岛上的一所潜水学校，都对珊瑚礁的惊人之美充满热情。在离开那里之前，我们做了几个月的潜水教练，一起探索过这些珊瑚礁。

我背着一个小背包，里面装着一个睡袋、几本厚词典和几件衣服，过了三年的行旅生活，最后我决定尽我所能成为一名生物学家。于是我重返校园，完成了生物学的本科学业，接着在瑞典哥德堡大学攻读博士学位，研究美洲热带地区的生物多样性的进化。然后我和安娜带着我们的三个孩子搬到了瑞士，我在那里从事南半球植物进化和多样性的博士后研究。

2010 年，我们回到了瑞典，我成为哥德堡植物园的一名研究员。在北欧各国的植物园中，该植物园收藏的活体植物最具多样性。与此同时，我开始组建自己的研究团队 —— 安东内利实验室 —— 一个由学生和研究人员组成的多元化合作小组，在生物多样性的多个学科领域开展研究工作。我很幸运，年纪轻轻就升任生物多样性与系统学的正教授。2017 年，我创立了哥德堡全球生物多样性中心，成为该中心的首任主任。当我结束在美国哈佛大学的学术休假回到瑞典后，我受邀去申请了我目前在邱园担任的职位。面对这个巨大的机遇，我很难不感到万分激动。2019 年 2 月，我走马上任科学部主任。没过多久，我又受聘为牛津大学的客座教授，这进一步扩展了我在植物学领域的人际关系。

在我的研究工作中，我试图回答关于整体生态系统（比如热带雨林）的起源和进化的大问题，还有生物多样性如何随着时间和空间的变化而变化及其变化过程 —— 这一研究方向被划入**生物地理学**[1]领域最为合适。我接受过植物学的学术训练，主要为自己的研究而收集植物；我也研究过各种不同的生物 —— 蛇类、蜥蜴、两栖类、鸟类、哺乳类、昆虫、真菌和细菌，以探索和理解生物多样性的普遍模式；我还研究过**化石记录**（按地质学时间保存在岩石沉积物中的已灭绝生物的序列），与同事合作开发一些方法和分析技术，以厘清气候变化和生命史早期的其他事件如何影响物种，以及我们可以从过去学到什么来更好地预测未来。我有幸与数以百计的优秀研究人员一起工作并发表科研论文，其中一些人更是与我长期合作。

随着时间的推移，早年在巴西的生活和后来作为科学家的经历让我越

1. 术语表中所定义的单词在正文中首次出现时以粗体显示，请翻到书末查看完整定义。

来越清晰地意识到，我愈发深爱的大自然正在我眼前迅速消失。过去几十年积累的科学证据是压倒性的且不容辩驳的：我们赖以生存的生物多样性和气候正面临危机。因此，我们必须共同努力，来阻止我们今天已经看到的迫在眉睫的灾难和即将产生的损失。

意识到我们正生活在环境危机中，这似乎很可怕，然而根据我在研究中获得的洞见，我知道我们仍然有时间来解决这些问题。只要自然生境和物种还在，希望就还在。有了关于自然界的知识，有了关心自然界的意愿，我们就有了以更可持续的方式塑造未来的动力。

这就是我写这本书的原因。我的目的是带你进行一趟连贯的旅程，从基础知识开始，以我们都可以采取的实际行动结束。在第一部分，我会分享一些洞见——关于我多年来所研究的生物多样性的真实含义，并举例说明这一多层次概念的各个组成部分，强调我们知识中的一些关键不足——在人类对整个宇宙的深入探索过程中也存在类似的状况。在第二部分，我会探讨生物多样性为何重要的问题，从实践和道德等不同角度考虑其多种功用和价值。在第三部分，我会概述目前影响生物多样性的主要威胁、这些威胁的根源，以及这些威胁常常如何相互影响。在第四部分，我会重点关注社会各界，包括我们自己，还有哪些方法可以保护世界上日益降低的生物多样性。我倾向于提供我自己和邱园同事的研究工作中的例证，毕竟我对这些内容很熟悉，它们也是我的一手经验总结。不过我要强调的是，这些成果离不开与世界各地的其他机构和研究人员的高度合作，我们星球的未来取决于我们所有人的共同努力，因此像这样的伙伴关系对我们的成功至关重要。

多年来，作为研究员、教授、主任和科学领军者，我有充足的机会对生物多样性进行深入研究。即便如此，如今我对自然界的好奇和惊叹仍然跟早年一样强烈，我从未停止对一些根本问题的追问。在这本书里，我试图为你解答这些问题，这些问题的答案共同解释了这个星球上所有自然生命的构成要素。同时，我也希望这些答案会启发你分享我的热爱，对我们宝贵的野生动植物 —— 我们隐蔽的宇宙的热爱。

THE HIDDEN UNIVERSE

ADVENTURES IN BIODIVERSITY

目　录

第三部分

生物多样性面临的威胁

第四部分

拯救生物多样性

引言
两个宇宙

一个多世纪以前，当 30 岁的埃德温 · 哈勃入职位于洛杉矶郊外的威尔逊山天文台时，他得到了一个肯定让所有天文学同行都无比嫉妒的机会：操作当时世界上功能最强大的望远镜。一天夜里，当他把望远镜对准一片被称为仙女座星云的朦胧天体时，他有了一个惊人的发现：原本被大多数人认为是由气体和尘埃组成的星云，实际上是个自成一体的星系，哈勃估计它离我们有将近 100 万光年。在此之前，天文学家认为我们所能看到的一切都属于我们的银河系，而银河系就等同于我们所知晓的宇宙。

哈勃的发现建立在之前许多科学家的知识积累和刻苦钻研的基础上，他们同样热衷于解释和测量他们在天空中看到的东西。他们中的一些人仍然是科学界的无名英雄，比如亨丽埃塔 · 莱维特（Henrietta Leavitt），她于 1893 年起在哈佛学院天文台工作，却仅仅因为性别而没能得到男性天文学家群体的任何认可。正是莱维特开发了一种有效测量远处星体距离的方法，这让哈勃得以对可观测的宇宙进行估计。在接下来的几年里，哈勃继续绘制了我们的星系之外的几十个其他星系的星系图。

1990 年，一台太空望远镜再次推动了太空探索的征程。毫无意外，这台望远镜被命名为哈勃。它以清晰、多彩的图像向我们展示了硕大无朋和惊心动魄的宇宙，这已经超出任何人的想象。今天，天文学家认为，在可观测的宇宙中，存在令人咋舌的2000亿个星系和10万亿亿（10^{21}）颗恒星。将这个数据形象化：如果每颗恒星都是豌豆那么大，那么整个地球表面可以覆盖2千米厚的豌豆层。我们不知道宇宙中有多少颗行星，不过自1995年科学家证实了第一颗系外行星（围绕太阳系外的一颗恒星运行的行星）的存在以来，我们已经发现4300多颗行星，而且数量还在不断增加。

在地球上，**生物多样性**——多种多样的生命，就是我们“隐蔽的宇宙”。它的成分要比大多数人能意识到的丰富、浩繁、错杂得多。在非洲，人类在进化历程中很早就开始了对生物多样性的探索，而指导他们探索的是他们对食物、居所和舒适性等条件的最基本需求。几十万年来，他们尝遍了他们所遇到的大多数东西。他们用自己的感官来探索周遭生长的植物，并观察其他动物吃什么。他们发现有些植物的根部可以食用，而叶子会让他们生病；有些植物结出甜美多汁的果实，有些植物则结出苦果，还有些植物无论如何都要避免食用。他们逐渐扩充了食谱，将植物、真菌、哺乳动物、鸟类、鱼类、昆虫和蜘蛛的许多不同部位纳入其中。他们知道了哪些树木能提供最好的柴火，哪些动物的皮毛最保暖，还有哪些水果最美味。

当我们的人类祖先离开东非，到达世界其他地区时，他们有了新的发现。他们每到达一个大陆，就立即开始了对自然的探索。虽然那里通常有丰富的猎物，但是他们必须学会如何狩猎，或者通过食用动物尸体来满足自己。他们采集许多不同种类的坚果和浆果。在有些地方，比如印度尼西亚的佛罗里斯岛，那里的动物比较容易捕获，可是数量比较少。这个岛非常小，食物资源也非常有限，因此自然选择一直有利于小型个体的生存，以至于我们的人类亲戚在大约100万年前到达岛上后，进化出了一个单独的**物种**。一个成年的佛罗里斯人只有大约 1 米高，比当今大多数患有侏儒症的人还要矮，与岛上自有的物种矮象差不多高。在地中海东岸的黎凡特地区，我们的另一个近亲直立人（在非洲和欧亚大陆的许多地方栖居了约 150 万年）则将大象、河马、犀牛和其他大型动物作为富含脂肪的食物来源。

随着我们祖先脑容量的增加和认知能力的提高，他们越来越善于开发狩猎和加工动植物的工具。数以千计的本地语言的发展使他们能够交流并谈论在附近发现的物种和它们的用途。在中国，关于草药最早的考古学证据距今约 8000 年。到约 4000 年前，苏美尔人留下了证明他们使用孜然芹、薄荷和甘草等植物的文字记载。

虽然大多数与物种有关的信息在当时是口口相传的，但是古希腊人试图综合当时所有可获取的知识。在公元前 4 世纪，亚里士多德写下了他所知道的关于动物的一切知识。此后不久，他的弟子提奥夫拉斯图斯针对植物做了同样的工作。随着人类关于物种的知识继续增长，被发现的物种也越来越多。农民用更多的物种进行试验，这不仅增加了我们食物的营养价值，而且扩大了我们种植农作物的气候和地区的范围。以包含许多不同动植物的处方来治疗各种小病的传统中医，在东亚大部分地区变得越来越流行。

然而，当西方社会迎来 17~18 世纪的科学革命时，情况变得混乱不堪。欧洲在将近 2000 年的时间里都不再有关于动植物知识的全面总结，因此来自不同国家的人在交流他们关于物种的知识时很吃力。即便他们可以使用同一种语言，通常是科学家群体使用的拉丁语，他们也没有一个标准化的方法来命名物种。犬蔷薇是欧洲常见的一种野蔷薇，把它晒干并除去多毛的种子后，它的果实可以被做成营养丰富的汤。有人叫它 *Rosa sylvestris inodora seu canina*（意为没有香气的林地犬蔷薇），还有人叫它

Rosa sylvestris alba cum rubore, folio glabro（意为花呈粉白色、叶片光滑的林地蔷薇）。学习一个物种可能拥有的所有不同名称成为一种负担，这些名称往往还又长又笨拙。误解不仅因此时常产生，而且可能造成恶果。例如在伞形科植物中，一些最好的食材和香料，比如胡萝卜、芹菜、茴芹、芫荽和欧芹，之所以人们很容易将它们与一些已知有剧毒的野生植物混淆，是因为它们的花和叶很相似。

为混乱带来秩序的人是瑞典博物学家卡尔·林奈。林奈在农村长大，身边环绕着农场动物和丰富的野生植物，他从小就收集并要求父亲帮着命名他所发现的一切：从花到昆虫和鱼类。他骑马走遍全国，采集标本并详细记录他所看到的每个物种。1735 年，年仅 28 岁的林奈出版了《自然系统》第一版，在书中，他提出了对所有生物进行严格等级分类的方法。就像传统的俄罗斯套娃一样，每个类别都包含在稍大一些的类别中：种被归入属，属又被依次归入科、目、纲，最后是界。因为应用了这一分类系统，他成了第一位记录鲸鱼和海豚与猪等陆地哺乳动物的关系比其与金枪鱼等鱼类的关系更密切的科学家，尽管它们的外观和行为都非常不同。也许最重要的是，林奈提出每个物种都应该有一个唯一的双名：家猫是 *Felis catus*，游隼是 *Falco peregrinus*，蔷薇是 *Rosa canina*。他的命名和分类系统非常简单好用，减轻了许多人的负担，在经过许多改进后，沿用至今。[1]

1. 尽管林奈的分类系统在很大程度上保持不变，但是由于它被批评形式过于僵化、太笨重而难以随着新知识的出现做出更新，而且并不总是能反映进化上的关系，有人提出要完全摒弃它，并支持用纯遗传学的“树模型”，即“谱系法规”（Phylocode）来取代它。两种方法在稳定性、交流性和一致性方面各有优缺点。

林奈既不是第一个也不是唯一一个试图对他周围的植物、动物和真菌进行认识并分类的人。有一个特别的科学领域，即人种生物学，探讨了历史上原住民是如何应用其他系统来描述、使用和认识物种的。虽然单一的命名物种的科学系统对全世界物种的交流和保护有重要作用，但是这一点绝不能成为对其他系统和实践的价值判断。像我这样的科学家之所以学习并继续使用林奈的系统，大多是因为殖民统治的历史遗产和大学高等教育中的传统实践，这是我们在科学研究的征程中需要承认并挑战的重要事实。

林奈的工作为其他许多追随他脚步的学者提供了灵感，开启了对自然界进行科学发现的新时代。他的一些学生开始了漫长的探险之旅，记录南非、智利、澳大利亚、日本、北美和阿拉伯半岛等地的动植物。这些旅程并非一帆风顺，其中一些探险家不幸英年早逝。

在伦敦，约瑟夫 · 班克斯建议国王乔治三世派遣英国植物学家到世界各地寻找并带回有价值的植物，比如能制造橡胶或提取奎宁的植物。一些最重要的西方博物学家受到科学好奇心的驱使，在欧洲帝国的金融财富及其背后的社会权势的支持下，得到了独自探索自然界的机会。德国地理学家兼博物学家亚历山大 · 冯 · 洪堡探索了委内瑞拉的稀树草原和安第斯山脉，揭示了地质、气候和物种之间的紧密联系，这些联系至今仍是生物科学和气候变化研究的核心。英国生物学家阿尔弗雷德 · 拉塞尔 · 华莱士记录了马来群岛和亚马孙雨林的动物，揭示了不同大陆和**生态系统**的**生命形态**的显著差异，这有助于我们了解物种是如何适应环境的。与他同时代的查尔斯 · 达尔文在随贝格尔号的环球旅行中研究了动物和植物，达尔文对加拉帕戈斯群岛上的一群雀鸟特别感兴趣。他发现，为了适应当地食物来源，每个岛上的雀鸟的喙都不一样。达尔文和华莱士正是根据旅行中的这些观察结果，同时独立地提出了进化论，这一理论给生物学带来的影响，如同爱因斯坦的相对论给物理学和我们对宇宙的理解带来的影响。

地球上有多少个物种

在不断发现物种的各种功用的同时，已知物种的数量也在不断增加。在提奥夫拉斯图斯写于约公元前 300 年的综合性著作《植物志》中，他罗列并描述了当时古希腊人知晓的所有 500 种植物。在林奈成果丰硕的一生走到尾声时，他已经为大约 4400 个动物物种和 7700 个植物物种指定了正式名称。他虽然从未去过荷兰以南的地区，但是根据他的同事和学生从遥远的地方源源不断寄来的标本，他承认自己的分类系统并没有涵盖地球上的所有物种。就在去世前不久，林奈认为地球上的物种不太可能超过 18 000 个。只有时间能证明这一估计不但是错误的，而且错得很离谱。

随着欧洲航海家将他们在旅行中带回标本当成纪念品，还有探险家在异国他乡耗时多年收集他们发现的所有标本，欧洲的生物学收藏品也开始不断增长。富人们设立“珍奇阁”，起初是为了显摆巨大的贝壳、海椰子和连体的双胞胎哺乳动物，后来很快就开始炫耀严谨且有据可查的收藏品。大约 170 年前，在我自己的单位 —— 位于伦敦西南部的皇家植物园（邱园），该园首任园长威廉 · 胡克拥有民间最棒的植物标本室，在他私宅的五个房间里摆满了世界各地的**腊叶标本**，还有三个房间摆满了书籍。腊叶标本（见图 0-1）是压制的植物标本，通常包含茎、花或果实，装贴在台纸上，并附有详细的标签；这些标本随后由**分类学**专家鉴定，并纳入某个公共收藏（植物标本馆）中。

胡克去世后，他的收藏先被国家购买，并于1877年被安置在邱园内首个专门建造的植物标本馆中。随着大英帝国的扩张和英国植物学探索活动的继续开展，差不多每隔30年邱园就必须建造一个新馆。这就形成了今天邱园里的各种建筑，其中安置着被认为是世界上最大的压制标本收藏品之一，包含700多万件标本。纵观世界，各国的国家植物标本馆也开始积累植物收藏：1853年，如今澳大利亚最大的植物标本馆在维多利亚州建馆；1890年，如今南美洲最大的植物标本馆在里约热内卢落成；1928年，如今亚洲最大的植物标本馆[1]在北京建成。目前，世界上有大约3000个活跃的植物标本馆共收藏了近4亿份标本。保存动物标本和其他生物标本的机构（比如伦敦自然博物馆或纽约的美国自然博物馆[2]）中的这些生物学收藏品为我们提供了关于地球上生命的主要且最重要的信息来源。

我们的星球上有多少个物种？在这个数字时代，鉴于这些生物学收藏品所容纳的海量标本，你会觉得回答这个问题只需要把它们加起来。通过加总数据库条目，超市可以知道销售了多少商品，政府可以知道每年出生的人口数量。不过，对于动植物来说，这种策略存在两个问题。

第一，我们还没能正确地命名每个收藏品中的每件标本。许多标本起初被错误地鉴定，因此可能需要几十年甚至几百年，这些标本才会得到准确且科学的描述和命名。许多物种被赋予了不止一个学名，极端的例子是有几十个名字（生物学家喜欢发现新事物，当一个物种显现大量的自然变

1. 中国科学院植物研究所标本馆，目前是2022年4月新设立的国家植物园的组成部分。——译者注
2. 自然博物馆（Natural History Museum）常被不恰当地译作自然历史博物馆，实际上History在此语境中是"（对自然的）系统阐述、探究"的意思，与"历史"无关。我国许多城市建有自然博物馆，研究Natural History的学问则被称作博物学或博物志。——译者注

Plectranthus sp. aff. schizophyllus
DET. ... 19.96

Holo TYPE
of Plectranthus pulcherrimus
A.J. Paton

ZAMBIA

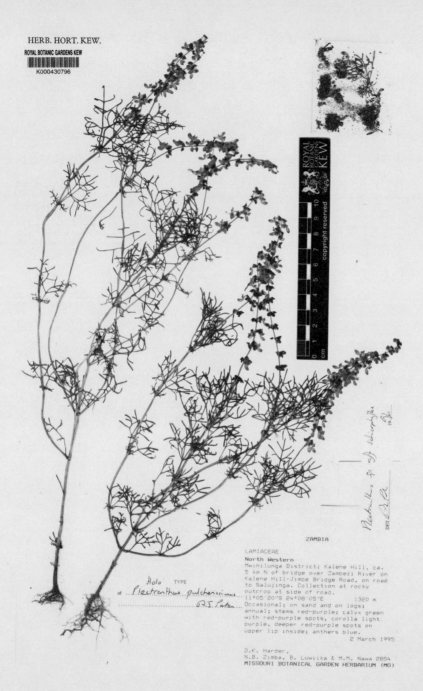

LAMIACEAE
North Western
Mwinilunga District; Kalene Hill, ca. 5 km N of bridge over Zambezi River on Kalene Hill-Jimbe Bridge Road, on road to Salujinga. Collection at rocky outcrop at side of road.
11°05'20"S 24°08'05"E 1320 m
Occasional; on sand and on logs; annual; stems red-purple; calyx green with red-purple spots, corolla light purple, deeper red-purple spots on upper lip inside; anthers blue.
2 March 1995

D.K. Harder,
N.B. Zimba, B. Luwiika & M.M. Nawa 2854
MISSOURI BOTANICAL GARDEN HERBARIUM (MO)

图 _ 0-1　保存在邱园的一件腊叶标本

除了被压制和干燥的标本，台纸上还记录着采集地点和日期、采集者的姓名、对该植物所处生境的描述、活体植物的特征、植物学名（以及名称的变动），以及其他重要的标本信息。有可能丢失或特别脆弱的种子、花或果实有时会被额外装在小信封里，贴在同一张台纸上。现在世界各地都在进行数字化工作，以方便公众免费获取各种腊叶标本及其相关信息。

异时，他们会困惑，这是可以理解的）。事实上，将一个物种描述为科学上的新物种往往比确认一个暂定的新物种是否已经被命名来得容易，后者需要对所有看上去相似的物种进行仔细检查。有些标本疑似真正的科学上的新物种，却可能不具备确定这一点所需的所有特征（例如，花或果实，而这通常是区分物种的关键）。由于物种并不在意国界，要了解某一特定**生物类群**（比如采采蝇、鸡油菌或风铃草）中包含多少个物种，科学家需要比较来自不同地区的大量标本，并经常亲自到这些地方进行研究，以便更好地了解**形态**和行为的自然变异。这对一些人来说可能听着像一份梦想中的工作，但是现实却相当艰难：它需要大量的时间和资金，而且在政局动荡或疾病暴发的地区会变得非常棘手。

第二，更大的问题在于我们确实不知道世界上还有什么。就像天文学家不断发现距我们越来越远的新星系一样，我们只要仔细观察就能在任何地方发现新物种。我很幸运能在世界各地旅行，研究物种的自然生境，尽管我的主要目标不是寻找新物种，但是我不可避免地会发现新物种。比如我在秘鲁考察的第一天，在林间小道上撞见了一根大树枝，它是从一棵 10 米高的树上掉下来的。我本来想把它扔到路边，却发现它上面有花，甚至有果实。我掏出手持式放大镜，愈发仔细地观察这根树枝，检查叶片的排列方式和花朵的细节。我很快就认出了它属于哪个科，是咖啡的远亲，不过我不知道它是什么物种。我折下它的一部分塞进一个塑料袋里，当晚拿给我的同事克拉斯 · 佩尔松（Claes Persson）看（幸运的是他正好是研究这类植物的专家），他马上认识到这个物种从来没有被科学地命名过。结果我们确定它是牛眼棠属的一个新物种，这个属大约有 25 个物种，仅分布在美洲热带地区。我们把它命名为 *Cordiera montana*，指涉该物种出现在安第斯山脉（现在知道它在秘鲁和厄瓜多尔都有分布）。

我的另一个科学发现是我和我的学生在莫桑比克北部的岩石露头中看到的一只约 15 厘米长的大壁虎。当时我们携带了几天所需的全部食物和水，在烈日下远足了数小时。太阳落山后，气温稍有下降，我们戴着头灯去散步。当时一片漆黑，我们突然看到两只发光的眼睛从一块巨大的岩石下望着我们。我的一个学生哈里斯 · 法鲁克（Harith Farooq）毫不畏惧地跳向它，最终以遍体划痕为代价成功地抓住了它。尽管他来自该地区，对当地的各种蜥蜴了如指掌，但是他从未见过这样的“蜥蜴”。

这只壁虎在很多方面都很出色：可能是莫桑比克最大的壁虎，身上有美丽的彩色图案，大眼睛呈黄色，鼻孔周围有个环，此外它的皮肤非常脆弱，只要轻轻一碰就会脱落，这样可以逃避捕食者。而且就像我们在这次考察中的表现一样，它们白天睡觉，在稍微凉爽的夜间活动。然而，我们目前还不清楚它到底是一个未被描述的新物种，还是属于在离我们所在地几百千米外发现的一个已知物种 *Elasmodactylus tetensis* 的先前未知的种群。不管是哪种情况，这都是一个激动人心的发现。

在热带地区，寻找新物种并不难，只要你了解你要找的物种，知道你在找什么，并去那些很少有生物学家涉足的地方就能有所发现。任职于密苏里植物园（植物研究与保护方面的国际知名机构）的美国植物学家夏洛特 · 泰勒（Charlotte Taylor）就是一个典型例子。就像我读博士时一样，泰勒也在研究南美洲植物，她是当今仍然活跃的高产植物学家之一。她描述了约 500 个植物物种，还为其他约 400 个以前就被发现却需要重新分类的物种定名（例如，找到证据证明它们属于别的属，而不是原来人们认为的属）。我曾有幸在南美洲与这位饱学之士一起进行田野考察，这实在是一段令人惊奇的经历。

不过，即使是在像林奈的出生地瑞典这样研究已经做得很充分的国家，你也可能成为幸运儿，特别是你对那些默默无闻、不受重视的生物充满热情的话。2007 年，来自几个国家的十多位科学家受邀在美丽的谢诺岛度过两周，哥德堡大学在岛上有一个研究站。他们的目的很简单：在研究站周围寻找新的小型生物物种。他们不需要负担任何费用，需要什么就会得到什么，还可以使用配备有挖泥机的船只来采集沙子和泥浆样本。最终他们令人吃惊地发现了 27 个未知物种，其中包括 13 种新的桡足类动物，它们是虾和蟹的近亲，在所有海洋和湖泊中大量存在。

鉴于存在如此多的未知物种和持续不断的新发现，或许不足为奇的是，我们至多也只能对地球上的物种总数进行有根据的粗略估计。目前，得到科学描述的物种约有 350 万个，科学家认为其中大约一半是重复的：有些物种被描述过不止一次，因此有两个或更多的名字，在这种情况下，只有第一次的描述和命名被当作正统。这样一来，总共就有 180 万个“有效”物种。在此基础上，谁都说不准。20 世纪 70 年代初，一些美国科学家在巴拿马雨林的一个单一物种的树林底下设置了一块大毯子，并向树冠释放一些非常有害的气体，想看有多少种不同的虫子会被熏死并掉落。从这个单一物种的树林里，他们发现了将近 1000 种甲虫。[1]

1. 他们将这个数字乘以已知的树种数量，预测仅在热带地区就有 3000 万种不同的昆虫。然而，这种推断的前提存在某些问题，比如假定很大一部分昆虫只能吃一个特定树种的叶子，因此昆虫的物种数量与树种的数量直接相关。换句话说，科学家最初认为大多数昆虫都极度特化：例如，如果一种蚱蜢没有找到“正确的”灌木的叶子作为食物，它就会走向死亡而不是吃其他树种的叶子。后来我们已经逐渐了解到，昆虫的食性要泛化得多，这使得总的估计值起码降低了 90%。许多其他研究也曾试图推断物种多样性，都不可避免地将估计建立在不完整的信息基础之上。

虽然这种取样方式存在伦理问题，而现在有一些破坏性较小的方式，但是在当时这项研究受到了好评，并成了大新闻。

目前据估计，陆地上和海洋中生活着约 870 万个物种，我认识的许多生物学家似乎对这个估计感到满意，这可能更多反映了他们没有兴趣推测这种没人能够立马确证的数据。有一点是确定的：这个数字会变化，而且很可能会增加。过去短短数十年的技术发展使我们能够检测到越来越小的物种，还有那些非常罕见或特殊的物种。目前我们正在评估以前无法进入的地方的生物多样性，从深海的热液喷口到巴布亚新几内亚的茂密森林。作为科学家，我们也越来越多地在我们拥有的生物学收藏品中遇到未知的物种，例如专门生活在某些植物种子中的真菌，或者腊叶标本的叶片和树枝上的地衣跟苔藓。

此外，870 万的估计值不包括所有多样性中的一个重要且相当大的部分：细菌和**古核生物**。对于这两个群体，甚至物种的界限和定义都不太清晰。一旦你把这两个群体包括在内，严肃的计算结果就会表明，事实上可能有 1 万亿个物种与我们共享这个星球。相较之下，银河系估计包含 1000 亿 ~ 4000 亿颗恒星。这显示了摆在我们面前的发现水平和认识水平。

如果计算目前有多少个物种还不够具有挑战性，那么为了真正了解生物多样性，我们可不要忘记计算那些已经灭绝的物种。我们可以通过回顾化石记录来做到这一点。在世界各地发现的化石标本数以百万计，再结合预测有多少标本尚未取样的统计学模型，结果表明地球上存在过的物种有大约 99.99% 已经消失。因此，很明显，我们对地球上的生命的了解只是懂了点皮毛而已。

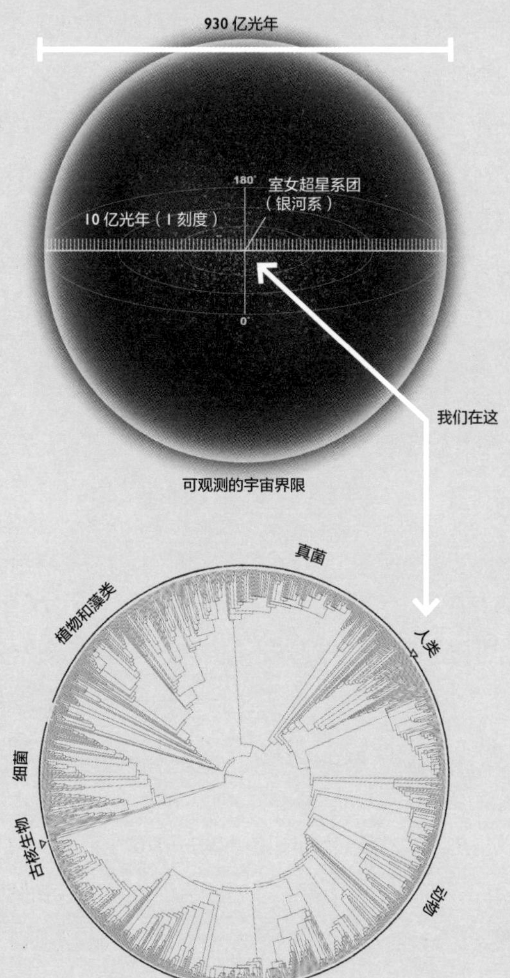
930 亿光年
180°
室女超星系团
（银河系）
10 亿光年（1 刻度）
0°
我们在这
可观测的宇宙界限
真菌
植物和藻类
人类
细菌
古核生物
动物

图 _ 0-2　找到我们的位置

上方是哈勃球体，从地球位于中心的视角到目前可观测的界限（465 亿光年之外）的宇宙示意图；下方是生命之树，利用现存物种的 DNA 之间的差异构建而成，描述了地球上所有的生命形态如何在大约 35 亿年前拥有一个共同的祖先。

揭示生命的“暗物质”

天文学家在探索宇宙方面所取得的飞跃式进展要归功于一项发明：望远镜。生物学家也是如此，只不过我们真正的变革性技术不是显微镜，而是 DNA 测序 —— 用于确定 DNA 分子中碱基（A、C、G 和 T）序列的实验室技术。DNA 是一种包含构建和维持生物体的生物学指令的分子，在达尔文在世时就被发现了，不过直到 1953 年，它的双螺旋结构才得到确定，迟至 20 世纪 90 年代，它才开始被用于生物多样性研究。从一开始，这就是一项重大事业：花了 13 年时间和约 27 亿美元才绘制出第一个人类**基因组**。今天，你可以在几天内以不到 300 美元的价格获得你的基因组序列。你甚至可以支付更少的钱，只对你的基因组的一小部分进行测序，这足以揭示你的祖先（也许你想知道的）和你对某些疾病的易感性等大量信息。在众多发现中，DNA 测序技术帮助我们明确了我们在目前所有活着的生物中的位置，就像望远镜帮助我们找到了我们在宇宙中的位置一样（见图 0-2）。

常规的 DNA 测序为根据基因差异鉴定物种提供了曾经无法企及的可能性。几年前，我指导的一名巴西博士生卡米拉 · 杜阿尔特 · 里特（Camila Duarte Ritter）花了几个月的时间穿越亚马孙雨林，将不同生境中的土壤装入小试管中。回到实验室后，她对这些样品中的所有 DNA 进行了测序，然后试图将她测得的序列与其他科学家之前生成的序列进行匹配。由于大多数序列在其他数据库中找不到匹配对象，她无法为它们指定合适的学名。在这种情况下，科学家通常认为 DNA 序列差异超过 3% 就大致相当于不同的物种。结果令人瞠目结舌。在大约 1 茶匙容量的土壤中，她发现了多达1800个“遗传物种”。其中，大约400个是真菌。虽然你大概熟悉香菇、松露、酵母菌和霉菌，但是你可能会惊讶地发现，已经有超过15万种真菌曾被描述，而估计现存的真菌至少有300万种。

隐蔽的高水平生物多样性并不是热带雨林所特有的。事实上，我们不需要看向远方就能看到同样引人注目的例子——我们自己的身体。在我们的皮肤和头发上，在我们的体腔和肠道中，一个健康人是1万多种微生物的家园，其中很大一部分细菌、古核生物、真菌和病毒仍未被科学描述。它们的细胞总数是我们全身细胞的好几倍。仅在我们的肠道中，与我们共同生活的细菌就拥有200多万个不同的基因，比我们自己的DNA中包含的基因多100倍左右。这个人类生态系统，即我们的**微生物组**，提供了各种为数众多却鲜为人知的功能，强烈地影响着我们的身心健康与我们的免疫系统、内分泌系统和神经系统，并导致或者预防了各种各样的疾病，从炎症性肠病到癌症和抑郁症。我们在出生时或出生后不久就继承了母亲微生物组的一大部分，在我们出生后的第一年里，约有1000个物种在我们的胃肠道内**定殖（植）**，留下伴随一生的微生物组特征标记。微生物组依个体和年龄存在很大差异，其多样性常常随着我们年龄的增长而增加。微生物组依个体和地区不同也存在很大差异，与我们的饮食有很强的关联。医学治疗，特别是摄入抗生素，可以在很大程度上扰乱这个系统，不过微生物组最终会恢复到平衡状态，不过其物种组成可能会发生变化。

物理学家和天文学家仍在寻找他们所说的“暗物质”和“暗能量”。它们是不可见的宇宙学成分，是描述已经观察到的宇宙动力学所需要的。宇宙学家认为暗物质和暗能量总共占我们宇宙的95%，事实上，他们正在吃力地理解暗能量和暗物质到底是什么。同样，生物学家理解生物多样性的漫长旅程也只是刚刚起步。林奈说过："你无法理解你无法命名的东西。"因此，找到并命名所有物种将是关键的一步，而我们离实现这一目标还很远。完成这项任务可能需要几个世纪，除非目前描述物种的方法得到改进和加速，并且公共资金的投入大幅增加（这相当于大约 50 年的高强度研究）。不过这其实只是一趟更漫长旅程中的第一步，为物种命名只是我们的一块跳板，以供我们理解物种在环境中的作用、它们对其他物种和人类的惠益，以及如果它们消失或开始不受控制地繁殖时会发生什么。

濒临灭绝的生命

天文学和生物学之间有很多联系：发现之旅的奇迹和美丽、巨大的未知、以及我们都只是"星尘"的事实 —— 地球上几乎所有元素都是在恒星的内核创造的。今天，我对了解物种之间惊人的相互作用仍然着迷，就像父亲在家乡巴西坎皮纳斯郊外的观星之夜给我讲述星系和行星的故事时一样。不过二者有一个关键的区别。我小时候看到的星星与今天看到的星星本质上是一样的，而在夜间冒险时环绕着我们的森林现在却都消失了。

在探索地球上的生命的过程中，我们没有满足于观察和学习，没有满足于小心翼翼地从我们周围的物种身上获得惠益，我们反倒是留下了深远的、往往是不可逆转的破坏。如果我们星球的整个 45 亿年历史可以浓缩为 1 天，那么现代人类是在午夜来临前 6 秒出现的。而这短短几秒 —— 相当于智人的 30 万年，我们见证了世界以如此激进的方式发生了转变，以至于几乎不可能把握这一转变。在东非这一人类摇篮[1]，我们放火烧掉了大片的稀树草原，以便发现和追逐猎物，后来我们把这种做法带到了欧洲、亚洲、大洋洲和北美洲。在南美洲，比第一批欧洲人踏上这块大陆早上几千年，亚马孙雨林中的原住民一直在猎杀猴子和啮齿类动物，游走于他们青睐的可可、木薯、巴西坚果等植物周边，并在长期以来被认为是所剩无几的尚无人类涉足的自然生境里开垦出大片土地。

世界各地的原住民社群对自然资源的传统利用方式在许多方面都是可持续的，不过很久以后发生的一些变化却不是如此。直到 20 世纪 50 年代，我们的世界时钟指向午夜前 1.3 毫秒，地球的逐渐转变出现了完全不同的状况，自然界发生了大规模的、无处不在的、灾难性的转变。尽管变化的驱动因素之前存在了很长时间，但是对大多数地区来说，变化的强度急剧增加。在短短几十年里，我们失去了四分之一的热带雨林，向大气中注入了 1.4 万亿吨的温室气体，并为地球增加了超过 50 亿人口。

这样一来，目前物种消失的速度可能比人类历史上任何时候都快。[2]在每一座岛屿、每一块大陆、每一片珊瑚礁上，世界上相当一部分物种正变得越来越少，它们终有一天会消失，再也不会重现。15 世纪时还活着的几百种哺乳动物、鸟类、蛙类和植物，现已确认灭绝，而真实的数字肯定要多出许多倍。今天，科学家估计，所有物种中约有五分之一可能在未来几十年内面临灭绝。如果这种情况发生，它可以被归入新一轮的“集群灭绝”—— 物种灭绝的速率在此期间远远超过正常的背景速率。这个星球在

1 关于人类起源的研究仍在继续，各类观点层出不穷。—— 编者注

2. 虽然我相信这个经常被引用的说法是真的，但是科学家群体对此存在争论。一个关键的挑战在于，要证明一个物种的灭绝是极其困难的：没有证据证明它存在不等于有证据证明它不存在。

其漫长的历史中只发生过 5 次公认的集群灭绝事件，最近一次是在 6600 万年前，由一颗直径 12 千米的小行星撞向墨西哥的尤卡坦海岸附近造成。

毫不夸张地说，自然界不断加剧的恶化和相应的生物多样性的丧失，对我们自己的未来构成了生存威胁。随着我们周围物种的消失，我们失去了宝贵的食物、药物、纤维、衣服的来源，以及几乎还没开始探索的许多其他资源，而这些资源能为下一个大流行或饥荒提供解决方案。随着亚马孙雨林继续遭到砍伐，其整个生态系统现在有可能正在越过一个临界点，之后大片地区可能会不可逆转地转化为稀树草原，这将大大减少区域降雨和数千万人的饮水供给，并释放大量的温室气体，加剧全球气候变化。

尽管目前生物多样性面临着巨大挑战，但是我们仍然有时间和具体的方法来扭转全球性灭绝和地方性损失的负面趋势。不过，行动需要承诺，而承诺最好基于情感联结 —— 唯有个人经历能带来的一种深刻的价值感和使命感。我相信我们都有自己身处大自然的美好回忆。我认为，当站在一只背着猴宝宝的猴妈妈面前看它吃着你给的香蕉时，当站在一个挤满了嘈杂不安的海鸟的岛边悬崖上时，当站在下过多年来的第一场雨后鲜花盛放的沙漠中时，任何人都不可能不在情感上受到冲击。无论我们窝在沙发上看过多少自然纪录片，我们还是难以为现实中发生的事情做好切实准备。面对现实时，我们不仅是观察者，而且是其中真真切切的一分子。我们生来就是训练有素的“生物学家”和“生活学习者”。我相信，保持这种先天条件的活力，并经由我们和我们的后代传承，是建立一个人与自然和谐共存的世界的最关键因素。

哈勃不仅发现在宇宙中存在像我们银河系一样的其他星系，而且发现这些“宇宙岛”似乎正在加速远离我们。最近的暗能量宇宙学发现表明，宇宙正在加速膨胀，可能甚至比光速还要快。如果这个发现得到确认，那么今天距我们最远的可观测的星系正在飞速远离我们，那么它们实际上就消失了。正如我们在地球上发现和绘制生物多样性的时间是有限的，我们在宇宙中发现这些星系的时间也是有限的。我们无法改变宇宙的动力学，但是我们已经在改变我们星球的动力学，而且是以一种负面的方式。好消息是，我们能够，并且仍然能够阻止我们自然界的恶化。如果我们要关心生物多样性，我们首先需要对它进行充分了解。

第一部分

内涵丰富的生物多样性

图＿PI-I　生物多样性之星

生物多样性的概念囊括了五个互补却各异的方面，每一个方面在此都被置于一个单独的顶点上。鉴定、测量和监测生物多样性的这五个方面，不仅对我们理解地球上的生命至关重要，而且当其中某个方面开始瓦解时，也能让我们有能力采取行动。

正如逐渐揭开面纱的宇宙比我们最初想象的要复杂得多，我们星球上的生物多样性也是如此。它的广度和深度远远超出我们的觉知。“生物多样性”一词经由美国生物学家 E. O. 威尔逊引介而得到广泛使用。简单来讲，生物多样性是“地球上生命的多样性”。然而，生物多样性实际上是一个非常复杂的概念，包含了丰富的特征和意义。我把它看作一个五角星（见图 P1-1）。各顶点都相互联系，但又互不相同。它们分别是物种多样性、**遗传多样性**、**进化多样性**、**功能多样性**和生态系统多样性。单独的某个顶点不能表达生命的全部多样性，你需要它们全部，就像你的手不仅需要拇指而且需要所有手指才能充分发挥作用一样。仅仅保护这些因素中的一个，比如某个地方的物种数量，就会不成比例地牺牲其他因素中，比如进化多样性或功能多样性。在这一部分，我将探讨生物多样性之星的各个组成部分是如何相互联系的：它们意味着什么，为什么它们很重要，以及它们如何共同驱动一颗健康而有恢复力的生命行星。

第 1 章
物种

物种是生命世界的基石。它们相当于房屋的砖块、元素周期表中的元素、钢琴的琴键。所有物种在自然界中都有自己的一席之地；它们存在于既相互依赖又依赖其物理环境的群体中。不过，尽管它们至关重要，但是科学家们无法就物种的单一定义达成一致。

物种的经典概念是一群能够两两交配并生产可育后代的个体。因此，总体上不育的后代不被认为是独立的物种，比如动物园里狮子和老虎之间罕见的性接触所产生的后代（雄性狮子和雌性老虎的后代被称为“狮虎”，相反则被称为“虎狮”）。相比之下，如果你让贵宾犬与拉布拉多犬杂交，它们的幼崽将和父母一样具有生育能力，因此所有的狗都属于同一个物种。狼也能成功地与家犬交配，并生产可育的幼崽，因此狼和狗属于同一个物种，即灰狼（*Canis lupus*）。话虽如此，但是相较于狼，所有狗都有着许多共同点，如牙齿较短、性情温顺。这些共同特征表明，狗可能正在集体地偏离它们的野生祖先，最终可能成为一个独立的物种。有鉴于此，目前狗被视为一个**亚种**——家犬（*Canis lupus familiaris*）。

在实践中，物种的经典概念并不总是奏效。到目前为止，还没有人试图将河马与它最亲近的在世亲戚（鲸鱼）进行杂交来测试它们是否能够成功杂交！因此，我们需要用其他方法来区分物种，比如查看它们的基因。

如果像我这样的生物学家怀疑自己遇到了一个之前不为科学所知的物种，比如一个或多个个体的外观或行为与其他个体有点不同，我们就从它们身上提取少量的组织（比如动物的血液样本或植物的叶子碎片），对它们的部分 DNA 进行测序。通过使用各种方法和计算机程序，根据 DNA 序列的差异来估计最可能的进化树，我们能够确认这些看似不寻常的个体变型是否在遗传学上形成了一个不同的集群——一个具有跟其他已知物种不同的遗传特征的群。如果结果为是，那么就提供了证据证明它们是生殖隔离的，没有与其他物种交配过，因而它们也就没有与其他物种交换过基因。太好了！我们发现了一个新物种。

这就是不太久之前发生在对生物多样性研究最深入的国家之一——英国（我大部分时间都在这里）和被研究得最充分的生物类群之一——哺乳动物身上的情况。1993 年，研究人员正在使用蝙蝠探测器（能够捕捉我们听不到的更高频声音的音频记录器）调查布里斯托尔周围的蝙蝠动物群，当时他们认识到，在英国分布最广泛的蝙蝠——普通伏翼（*Pipistrellus pipistrellus*）的一些个体发出的呼叫频率（55 千赫）与研究人员平常记录的频率（45 千赫）存在差异。他们捕获了一些蝙蝠个体，并很快发现他们所记录的实际上是一个不同物种的情况，该物种在 2003 年被正式确认为高音伏翼（*Pipistrellus pygmaeus*）。两个物种除了回声定位叫声的一致差异，进一步的研究还显示二者在头骨形状、行为以及也许是最重要的 DNA 方面都存在微小却明显的差异。从 1774 年普通伏翼首次得到科学描述算起，有一个哺乳动物物种被忽视了 200 多年，这实在是一个很大的问题，毕竟只有 16 个已知的蝙蝠物种在英国繁殖。后来发现，这个新物种不仅非常常见，而且广泛分布于欧洲各地。

DNA 还有助于扩充在英国发现的本地真菌的名录，该名录目前每年增加 50 个以上的物种，包括一些以前不为科学所知的物种。当大多数人想到真菌时，他们会想到蘑菇，不过蘑菇只是一个更大的生物体的子实体，而这个生物体在底下的基质（比如土壤或朽木）中生长。蘑菇就像长在苹果树上的苹果，不同的是，我们几乎看不到树本身。它们只是零星地冒出来，有时根本就不冒出来，而且只占真菌总重量的极小一部分。真菌主要由菌丝组成，在一个被称为菌丝体的网络中进行组合，有时可以变得非常非常大。事实上，世界上最大的生物体并不是你所想的那种，而是蜜环菌属的蜜环菌（子实体被称为榛蘑）。在美国俄勒冈州，单个个体的菌丝被发现可能重达 3.5 万吨，相当于 250 头蓝鲸，而这个个体已经活了大约 2500 年。嵌入环境中的真菌组织占据着主导地位，这也是为什么现在的真菌调查很简单，往往只是在森林或草地上采集土壤样本，把它们带到实验室，然后检测 DNA 序列，从而揭示有多少不同的实体。然而，为了给这些序列命名，你需要将它们与一套参考序列进行匹配，这些参考序列是根据博物馆鉴定的可靠标本生成的。这种匹配工作被称为“DNA 条形码技术”，因为它与超市里结账时识别商品的方式相似。

现在，DNA 虽然可以解决物种鉴定的大部分问题，但不是全部。其中一个重要的例外就是关于已经灭绝的物种的问题。DNA 不可避免地会随着时间的推移而降解，而且环境温度越高，降解得越快。即使在最佳的保存条件下，DNA 也有一个理论上为 150 万年的“保质期”，之后所有片段都会解体。所以很不幸，《侏罗纪公园》背后的科学，即科学家从保存了 8000 万年的琥珀里的蚊子的腹部提取恐龙的 DNA，属于无稽之谈；或许也是幸运的，想想电影情节的后续发展！迄今为止，得到测序的一些最古老的DNA片段来自埋在西伯利亚永久冻土中的一头猛犸象的牙齿，时间刚刚超过100万年。除此之外，几乎所有已经灭绝的物种都没有留下DNA。因此，为了区分化石物种，你需要仔细研究它们的形态，有时还要对相距很远或相隔很久的相似化石为什么可能属于同一物种做出一些假定。当你只有整个生物体的一小部分（比如花粉化石或者叶子印痕）可以观察而没有其他部分可以比较时，问题就变得更棘手了。我的一些同行，包括巴拿马的卡洛斯·哈拉米略（Carlos Jaramillo）和莫妮卡·卡瓦略（Monica Carvalho）以及荷兰的卡丽娜·霍恩（Carina Hoorn），通过仔细研究这类化石，揭示了惊人的发现。

另一个挑战是，有时候一个假定的物种的成员们虽然看起来相同，DNA也相似，但是似乎相距太远，无法自然地聚在一起繁殖。若干年前，我与博士生洛维萨·古斯塔夫松（Lovisa Gustafsson）合作，她勇敢地前往北极地区三个相距数百千米甚至数千千米的地方：北美洲西北部（阿拉斯加和育空）、北冰洋[1]的斯瓦尔巴群岛和挪威本土。在每个地方，她都收集了同一组物种中的几十种植物。她把所有这些植物带回她在挪威奥斯陆供职的一个机构的温室里，费尽心思地给它们人工授粉，看它们是否能够产生可育的后代。令所有人惊讶的是，在整个实验中幸存下来的6个物种中，有5个不能成功地进行跨种群繁殖。这表明在这5个“名字”中隐藏着多个**隐种**，它们看起来都很相似，却无法与来自不同地点的同类植物进行繁殖。换句话说，它们看起来是同一个物种，却很可能是几个不同的物种。我们还不知道这种现象有多普遍，不过如果它是普遍的，这可

1. 原书为北大西洋，原书有误。—— 编者注

能意味着我们严重低估了北极地区的物种数量，或许其他地区也是如此。

与这种模式相反的是，物种虽然可以成功繁殖，但不是通过常规的方式。在植物中，兰花是众所周知的例子。兰科是世界上最大的两个植物科之一，有大约 2.8 万个已知物种，科学家每年还会记录更多兰花物种。兰花物种如此之多的原因，几个世纪以来一直困扰着包括达尔文在内的科学家。一个重要的洞见出自澳大利亚博物学家伊迪丝 · 科尔曼（Edith Coleman）的发现。1927 年，她发表了关于一种舌兰 *Cryptostylis leptochila* 是如何被名为 *Lissopimpla excelsa* 的胡蜂授粉的详细观察。奇怪的是，这些昆虫在将花粉从一朵花转移到另一朵花的过程中并未得到任何食物奖励。事实上，她观察到的现象非常奇特：胡蜂的行为就像它们在……嗯……与花交配。后来人们发现，这些花发出的气味与雌性胡蜂发出的气味相同。不仅如此，花瓣上的小茸毛还促进了胡蜂性行为，而且雄蜂的眼睛无法区分花的颜色和雌蜂的颜色。

科尔曼基于澳大利亚物种所描述的现象（现在被称为“拟交配”）绝不是一个孤例。今天，已知有 1/3 的兰花物种以这样或那样的方式欺骗昆虫，通常是利用雌性的性吸引力。我曾在对欧洲最艳丽的兰花之一——兜兰进行授粉研究时获得过一手证据。在我的硕士学业结束之后和博士学业开始之前，我有两个星期的假期，于是我和一个朋友觉得我们可以利用这段时间来做一些研究。让我们感到震惊的是，兜兰一次又一次成功地引诱得不到奖励的雄蜂，而雄蜂似乎一直未能从中吸取教训。

掌握欺骗的伎俩需要许多兰花物种对其传粉者高度特化，因为吸引一种昆虫所需的化学物质、形状和颜色往往与吸引另一种昆虫的非常不同。虽然每个兰花物种在形态和 DNA 上都与其他兰花物种不同，但是如果你从一种兰花中人工采集花粉并将其授予另一种兰花的雌性生殖部位，你有可能会得到一个完全可育的杂交种。那它的亲本植株确实是两个不同的物种吗？大多数植物学家会说是。尽管这似乎与物种的经典概念不一致，但是这些物种之间的确存在机械性的障碍，在自然界，这些障碍会使它们无法杂交。

与传粉者有联结强烈的互动的植物并不限于兰花。在最极端的情况下，单一物种的蜜蜂、蝇、鸟或其他动物，其身体形状会与某一种特定植物的花形高度匹配。这使得它们（通常只有动物）能够到达花的蜜腺以获取奖励，并以此来为植物授粉。这种高度特化的传粉者在热带地区最为常见，这被认为是那里有如此多物种的原因之一。在较冷的地区，传粉者往往表现得更为泛化，以不同种甚至不同科的植物为食并为其授粉。比如前文提到的生长在温带地区的兜兰，至少有好几种蜜蜂能够为其授粉，只不过某种蜜蜂比其他蜜蜂更有效。

还有一种情况是 DNA 也不能提供所有答案，事实上它只会让事情变得更复杂。这种情况针对的是偶尔与其他物种交换基因（根据定义，它们不应该这样做）且仍然保持不同形态的物种。这种情况在细菌中经常发生，它们不容易被塞进任何一种被严格界定的物种中。一些植物也存在跨物种交换基因的情况，比如巴西大西洋雨林中的凤梨科植物（菠萝的近亲）。这种情况的发生也许是由于“错误”的授粉，比如携带花粉的昆虫或鸟类飞到与它们通常授粉的植物不同物种的花朵中。在哺乳动物中，马与其最亲近的亲戚（斑马和驴）提供了另一个有趣的例子：尽管这几个独立的物种的形态有明显差异，甚至细胞中的染色体数目都不同，但是在它们的进化史中，它们之间进行过基因交换。我们不必到远处寻找更多的例子，就连我们自己也接受过其他物种的基因。今天，现代欧洲人和东亚人[1]的 DNA 中约有 2% 来自我们已经灭绝的近亲尼安德特人，这展示着偶尔的性接触带来的遗产。换句话说，那些在我们历史上早早离开非洲的人类世系遇到了尼安德特人并与之繁衍后代。

生命的地理环境

尽管没有单一的、普适的标准来鉴定物种，但是像我这样的科学家正在努力找出我们星球上每一个物种存在的地方。想象我们在地球表面覆盖一个由大小相同的方块组成的假想网格，并记录包括陆地和海洋在内的每个方块中每个物种存在与否。每个地方存在的物种总数——**物种丰富度**，将帮助我们确定哪些地区应该优先保护，以及我们可以在哪里进行城市扩张或新辟一块农田而不会对生物多样性造成重大影响。物种丰富度还会告诉我们目前面临灭绝的物种生活在哪里，这样我们就可以在其自然生境中更好地保护它们。

唉……要在全球范围内开展这项工作并不容易，需要向地球的每个角落派遣各个生物类群方面的专家。相反，到目前为止，我们所收集到的关于物种的大部分信息都基于偶然。如果你看一下过去几十年来在澳大利亚收集或观察到的所有物种的分布地图，那么你会得到一张几乎完美的国家公路网地图。这并不是因为大多数物种特别喜欢公路，而是因为人们更有

1 原书中为非洲之外的所有人类，此处根据沙森．东亚人为何有“更多”尼安德特血统［N］．中国科学报，2020-02-05（02）．修改。——编者注

可能沿着公路而不是进入人迹罕至的地区进行考察。随着时间的推移，这导致我们对物种出现模式产生了高度零散且有失偏颇的认识。尽管这样，我们还是对生命的地理环境有了相当多的了解，涌现出三个主要洞见。

第一，并非所有的物种都无处不在：它们都具有与环境相关的特定耐性。例如，生活在深海的鱼类无法应对浅水的压力，而非洲稀树草原上的哺乳动物无法在西伯利亚的冬天生存。它们目前的分布也是历史沿袭和地理限制的结果，比如南极洲的企鹅（还）没有机会在北半球的相似生境定殖（植）。不同区域的位置和面积是协同互动的两个因素，不仅决定了哪些物种出现在哪里，而且决定了能形成多少个物种。“**物种－面积关系**”是生物地理学中为数不多的“定律”之一，也是美国生态学家罗伯特·麦克阿瑟和 E. O. 威尔逊于 1967 年发表的“岛屿生物地理学理论”的重要组成部分。该理论预测，一个岛屿或类似岛屿的环境（比如稀树草原中的森林碎片）中的物种数量将随着岛屿面积的增加而增加，如果它离其他可以作为定殖（植）物种来源的相似生境区域越远，那么其物种数量就越少。这是因为一个大的岛屿通常比一个小的岛屿能提供更多的食物，还有更为多样性的环境和机会以供**物种形成**。同时，一个离大陆远的岛屿被鸟类、风中携带的种子或者偶然出现在漂流木上的动物光顾的机会，要比离大陆近的岛屿更少。

第二，大多数物种都是在热带地区发现的。对大多数**生物区系**来说，越靠近赤道，被发现的物种越多，这被称为**多样性纬度梯度**。每年秋天，我和孩子们都会在瑞典的一个森林里采摘蘑菇和浆果。在那里，我们常常环绕在单一树种欧洲赤松（*Pinus sylvestris*）中间。相比之下，当我在厄瓜多尔进行田野考察时，仅仅一个足球场大小的区域就有多达 500 种树。有许多理论可以解释这种惊人的差异，一些最可信的理论暗示热带地区有更多的水和能源。另一个原因是，在生命史的大部分时间里，世界一直是热带气候，这使得热带生物比凉爽地区的生物有更多的时间形成无数种生命形态。

第三，大多数物种是稀有的，要么是自然使然，要么是受到了人类的各种影响。我联合指导过的一位巴西博士生玛丽亚 · 多塞奥 · 佩索阿（Maria do Céo Pessoa）研究分布在南美洲雨林中的一群植物物种。有一天，她发现了一个植物标本，是在亚马孙雨林中心地带马瑙斯附近的一个保护区采集的，之前被鉴定为 *Chomelia estrellana*，但经过仔细检查，她认识到这是一个错误：事实上它是 *Chomelia triflora*。问题在于，离它最近的同种树只在法属圭亚那发现过，距离超过 1100 千米。这对我们来说听着很不寻常，真的是这样吗？我建议我们与一些同行以及另一位来自德国的学生亚历山大 · 日什卡（Alexander Zizka）组团，调查在美洲热带地区的植物物种中，像这么稀有且彼此相隔如此之远的情况到底有多不寻常。令我们惊讶的是，我们鉴定出了仅在两个地点被发现的其他逾 7000 个物种，而且，在这些物种中，有 1/5 的种群距离超过 580 千米。我们的工作和其他研究人员的工作一致表明，稀有物种反而是非常普遍的。为了确保得到保护，绘制稀有物种地图是至关重要的，不过这项任务有如大海捞针。

鉴定并弄清物种的分布对了解大自然至关重要，不过这还不够。物种不同于砖块、原子或琴键，它们自身之间存在很大差异。这种变异的主要来源是我们在它们内部找到的，存在于它们的每一个细胞中，即它们的基因。

第 2 章
基因

想象地球即将被一颗无法控制的小行星击中，而我们中的一些人足够幸运，可以乘坐航天器逃生。如果我们想带上一些植物，那么我们需要为每个物种带多少颗种子？是一两颗就够了，还是由于形态和功能存在很大差异而需要更多的种子才能取其精华？

遗传多样性，即 DNA 蓝图中存在的变异性，在确定动物园和禁猎区人工养殖项目中大象和老虎的系谱方面发挥着作用。每个物种内部通常在形态、化学成分和行为方面都存在大量变异，所有这些都与被称为“生命蓝图”的生物体 DNA 有关。然而，对于绝大多数物种，我们几乎不知道它们存在多少遗传变异，以及一个物种中的哪些遗传变异最有可能抵御当今世界上正在发生的环境变化。随着世界气候变得更温暖和更不可预测，我们必须了解每个物种将如何应对这些变化，包括那些我们赖以生存的物种，比如各种农作物。

为了说明这一点，咖啡可以作为一个引人注目的案例（见图 2-1）。目前，埃塞俄比亚约有 1500 万农民依靠种植这种商品过活，它是该国出口收入的主要来源之一。基于不同排放方案，21 世纪气温将上升 1.5℃ ~5.1℃，邱园和埃塞俄比亚的研究人员阿伦 · 戴维斯（Aaron Davis）及其合作者预测，到 21 世纪末，40%~60% 的现有耕地可能不再适合种植咖啡，未

图＿2-1　阿拉比卡咖啡的花和果实

阿拉比卡咖啡是世界上交易量最大的商品之一，也是许多热带国家的一大收入来源。它的种植现在正受到气候变化的威胁，这促使科学家寻找能够耐受更高的温度和更不可预测的天气条件的其他物种或品种。

来50年里将出现一些严重的咖啡产量不足。这将导致严重的社会经济挑战，比如收入和粮食不足，移民激增，甚至出现冲突。海拔较高的凉爽湿润地区可以提供更适宜的生长条件，即使在气候变化的情况下也能大量生产咖啡。然而，这需要那些阿拉比卡咖啡种植园冒着冲突、毁林以及让别处的农民失业的风险，进行规模浩繁的迁移。戴维斯和他的合作者正在通过寻找包含有用遗传性状的野生咖啡植物种群来应对这一困境，特别是那些在高温和干旱环境下更具恢复力的种群。他们还在探索咖啡属中几个名气略小的物种的风味、种植潜力和气候概况，该属包括大约130个物种，而且物种数量还在不断增加。这些物种可以取代阿拉比卡和罗布斯塔等更常见的咖啡作物品种，或与之杂交，这样可以大幅提高常见咖啡作物品种的**气候耐受性**，进而有助于维持全世界数百万人的生计。

基因编辑技术现在可以跨越物种界限转移特定的DNA片段。在20世纪90年代的一个著名实验中，美国加利福尼亚州的研究人员要寻找一种使西红柿具有抗冻性的方法，这是露天种植的农民面对的一个共同问题。他们认为北极鱼类身上可能存在解决方案，它们可以生活在极度寒冷的水域中，而血液却不会结冰。他们成功地提取了一个基因，该基因负责生产的蛋白质可以抑制冰晶的生成，不过当他们把它转移到西红柿的基因组中后，并没有出现同样的效果。这次试验被放弃了，这种西红柿也从未进入市场。不过从那以后，基因编辑技术有了很大改进，研究人员现在的关注点转向了在农作物的野生亲缘种中鉴定出有用的基因。

早年在大学学生物时，我个人是反对转基因作物的，我认为把资源用在其他地方更好，而且转基因作物可能会对环境造成潜在的负面影响。后来我改变了自己的立场。只要研究是负责任地进行的，对环境或人类健康造成负面影响的证据就几乎不会出现。相比之下，这些作物旨在解决的问题不仅非常真实，比如生物多样性丧失和粮食不足，而且有大量过往记录。目前已有的基因编辑的例子包括试图改善植物利用土壤氮素的能力，以提高单位土地面积的产量，减少将自然生境转化为耕地的需求；还有将基因插入普通作物，使其产生一些世界上许多低收入地区的人们不易获取的重要微量营养素。

可能证明自然遗传变异非常有用的一个例子是欧洲白蜡树。这个物种在生态系统中发挥着关键作用，有超过 1000 个物种与之相关，包括 50 多种哺乳动物和大约 550 种地衣。不幸的是，这种树现在正受到白蜡树枯梢病的威胁，这种病是由一种真菌引起的。自从 1992 年[1]在波兰首次发现这种真菌以来（可能来自进口植物），它一直在向西扩散，目前在欧洲大多数国家都有发现。数以百万计的白蜡树终将的死亡，没有可行的治疗方法。以英国为例，白蜡树是英国第二大树种，预计其中 80% 在不久后死亡，这将使政府花费近 150 亿英镑，包括砍伐死树和种植新树的费用，以及弥补它们所提供的关键**生态系统服务**的损失的费用。这个案例展示了生态系统的脆弱性和与病原体传播有关的经济损失。然而，幸运的是，在对数千棵白蜡树进行 DNA 测序后，邱园的科学家理查德 · 巴格斯（Richard Buggs）与合作者发现，一小部分白蜡树（不到 5%）对那种真菌具有天然的抵抗力。现在，这些个体的繁殖为未来白蜡树林地不会再次屈服于真菌带来了希望。白蜡树枯梢病真菌只是让动植物致病的数百

1. 根据中华人民共和国农业农村部网站新闻，白蜡树枯梢病于 1990 年在波兰被首次发现。—— 编者注

种病原体中的一种，而遗传多样性可以起到拯救这些动植物的作用。

由于人类活动，无法预测的变化确实变得越来越普遍，不过它们在完全自然的条件下也会出现。40 年来，美国生物学家夫妇罗斯玛丽 · 格兰特和彼得 · 格兰特每年花 6 个月的时间研究大达夫尼岛上的雀鸟。这个岛是加拉帕戈斯群岛中的一个小岛，为达尔文的进化论提供了核心想法。通过在 6 个月内仔细跟踪、测量和观察岛上的每一只雀鸟，格兰特夫妇得以获得一手证据，展示喙的尺寸上存在的微小且与遗传有关的差异如何对不同个体的命运产生重要影响。厄尔尼诺现象带来过量的雨水，导致岛上植被的种子从大而硬的转变成小而软的，这有利于喙更小的雀鸟，使它们的进食效率更高，并生育体型更大的后代。与之相对的是，随后而来的干旱年份将扭转局面，有利于那些喙更大并能啄开更坚硬的种子的雀鸟。

随着时间的推移，这些例子表明，正是遗传多样性让物种更有能力应对变化。这就像露营时因为你无法事先知道你可能需要什么，所以应该带一把多功能瑞士刀，而不是带一把只有单刃的大刀。类似地，在许多情况下，仅仅通过视觉上的检查是不可能评估一个特定物种存在多少遗传变异的。不妨以我们人类这个物种为例。尽管我们在文化、外观、语言、宗教和传统方面存在惊人的差异，但是今天活着的每个人都与其他人共享 99.9% 的编码 DNA。换句话说，人类只有极少量的遗传变异。与今天我们周围大多数其他哺乳动物的进化史相比，这是我们非常晚近的进化史带来的结果，毕竟其他哺乳动物平均已经存在了至少 100 万年，而我们作为一个独立的物种只能追溯到大约 30 万年前。相比之下，在美洲热带地区的一个得到鉴定的果蝇物种中，科学家发现了超过 4% 的遗传变异，以及超过 13 个遗传聚类，而所有的果蝇看起来都是一样的。

查明一个物种包含多少遗传变异的唯一方法是对每个物种中的许多个体进行基因测序，这些个体要涵盖所有已知的种群、地理范围，以及任何感知到的形态、功能或行为上的差异。到目前为止，只有极少数物种实现了这一目标，绝大多数物种甚至从未被测序过。在时间和成本上最划算的做法是将我们的努力转向对世界范围内保存在自然博物馆和类似机构（比如植物园和大学）中的生物学收藏品进行测序。

当科学家在 20 世纪 90 年代开始更常规地利用 DNA 来实现这一目的时，他们担心历史上的标本由于存在 DNA 降解而不适合进行遗传学研究。幸运的是，因为新技术能够捕捉并组装许多零碎的 DNA 片段，所以现在已经不需要理会这种担心。最近，我为哥伦比亚植物学家奥斯卡 · 佩雷斯 · 埃斯科瓦尔（Oscar Pérez Escobar）主持的一项研究做出了贡献，我们对在埃及塞加拉的一个神圣动物墓地中发现的编织物进行了 DNA 测序。该物品（见图 2-2）可能曾被用作罐子的塞子（对此我们还不能确定），它是大约 2100 年前用一种海枣的叶子制成的。海枣的果实在全世界都非常受欢迎，广泛种植于北非、中东和西亚，不过没有人明确知道人类是从何时何地开始种植海枣的。尽管标本的年代久远，我们还是能够提取出数以千计的 DNA 片段，并将它们与现存几种海枣的基因序列进行比较。我们发现古埃及人使用的海枣（*Phoenix dactylifera*）含有来自另外两个野生种的基因，一个是来自土耳其和克里特岛（我曾在这个岛的海边见到过）的克里特海枣（*P. theophrasti*），另一个是来自南亚的糖海枣（*P. sylvestris*）。糖海枣是已知与现在种植的海枣最亲近的亲戚，它包含一种树液，可以从树干上切口导出，供当地人新鲜食用或发酵后食用。虽然我们的研究进一步阐明了海枣的遗传多样性和这一宝贵作物的早期驯化过

图 __ 2-2　海枣的叶子制成的编织物

在埃及塞加拉墓地中发现的由海枣叶制成的手工编织物。尽管它年代久远，但是仍然有可能提取出足够多的 DNA，以估计这种植物生长在什么地方以及它近亲有哪些。

程，但是这些物种如何交换基因，基因交换又给其果实的大小、形状和味道带来了什么影响，仍然是一个谜。

几十年来，环保主义者一直把重点放在物种保护上，不过他们也越来越认识到保护遗传多样性的重要性。回到本章开篇提出的那个航天器的问题：我们需要为每个物种带多少颗种子？答案是很多，或者说需要多少才能具备广泛遗传代表性的自然多样性就带上多少（这一点在不同物种之间存在很大差异）。这就是我推动位于伦敦南部韦克赫斯特的邱园千年种子库改变工作重点的原因。它是世界上最大的野生植物物种的种子收藏库，目前有来自约 4 万个物种的 24 亿颗种子。该库此前的核心目标只是保存尽可能多的物种的种子。作为邱园的科学部主任，我对这一收集工作负有最终责任，并与我的同事埃莉诺 · 布雷曼（Elinor Breman）和艾伦 · 佩顿（Alan Paton）一道，正在与我们的团队和世界各地的合作者齐心协力，以增加具有特殊价值的物种的种内遗传代表性，比如那些有可能帮助实现粮食安全的物种，或者含有已知的药用价值或其他社会经济价值的物种，以及那些灭绝风险最大的物种。对于每一个这样的物种，我们的目标都是拥有数千或至少数百颗种子，涵盖其分布的最大可能范围、气候耐受性和变种。这意味着可以在每个地区种植合适的品种，是否合适则取决于未来的条件，比如当地的雨水量、旱季的持续时间，以及其他难以详细预测的可能变化。我们还希望增加所有不同植物类群的物种代表性，以尽可能多地捕捉到生物多样性中一个鲜为人知但至关重要的方面：进化多样性。

第 3 章 进化

1930 年 5 月 6 日中午，维尔夫 · 巴蒂（Wilf Batty）在他位于澳大利亚塔斯马尼亚岛西北部的农场看到了一幅不寻常的景象。他发现了一只动物，大小和外形与狗无异，但其下背部有一些横跨两侧的黑色条纹。他认为这只动物想吃他养的家禽，于是急忙去抓它的尾巴。他失败了。就在它跳过两米高的篱笆时，巴蒂举起双管步枪射中了它。他自豪地站在农场大棚前，与被打死的动物合影留念，这张照片很快就作为新闻传遍了全世界。

他射杀的动物不是狗，而是已知的最后一只野生袋狼（见图 3-1），又名塔斯马尼亚虎（因其下背部的条纹）或塔斯马尼亚狼（因其与狗很相像）[1]。这位农夫的做法并不独特。几十年间，与塔斯马尼亚政府一起，由一群计划在岛上生产羊毛的伦敦商人成立的一家农业公司一直在向任何能给他们献上袋狼尸体的人提供资金。他们总共支付了上千份赏金，驱使他们这么做的是未经证实的关于袋狼袭击农场动物的说法。在欧洲人到达澳大利亚之前，袋狼已经在澳大利亚大陆和新几内亚绝迹了。除了受到猎人

1. 后来，有报道称，1936 年，地球上已知的最后一只袋狼“本杰明”在澳大利亚一所动物园去世。—— 编者注

图 _ 3-1　袋狼

袋狼因人类活动而走向灭绝的数百种哺乳动物中的一种。这幅素描根据现存的少量录像和组装的标本绘制而成。

的直接威胁，袋狼还要与 19 世纪初由欧洲人引入塔斯马尼亚的狗争夺猎物，艰难求生。

该物种是**趋同进化**的一个典型案例，在趋同进化的过程中，有些物种与另一些物种尽管属于**生命之树**（又名进化树、系统发育树，或简称**系统发育**，通过来自共同祖先的各个分支将所有生物连接起来）上相距遥远的不同分支，长得却非常相似。尽管袋狼的头骨与普通狗的头骨几乎没有区别，但它实际上是一种有袋类动物，与袋鼠和沙袋鼠的关系更亲近。在有袋类动物中，它以两种性别都长着一个育儿袋著称。

有人可能辩称，袋狼只不过是成千上万种哺乳动物中的一种，因此它从地球上消失并不比其他物种的灭绝更要紧。然而，这个世界不仅仅是失去了袋狼这个物种，更是不成比例地丧失了代表着数百万年独立进化的进化多样性。不幸的是，袋狼没有留下任何近亲，也就不能确保同一进化分支生存下去。

进化树的概念正是出自查尔斯 · 达尔文，尽管他没有像阐述他的其他想法那样雄辩地对它进行过明确表述。他的第一棵“树”是在笔记本上手绘的草图，上面简单写着“我认为”几个字（见图 3-2）。后续更新过的一个版本成了他的开创性著作《物种起源》中唯一的图表，而《物种起源》是进化研究的基础，可能也是有史以来最重要的科学著作。

今天，生物学家在提出关于哪些地区应该优先保护的建议时，逐步试图最大限度地提升进化多样性。对于长期以来把物种数量当作完全等效单位来计算的传统，这是一个重要转变。例如，想象可以在两个林区中选择其一来开发建造一个新的家庭住宅。假设每个林区都包含两个树种，且树

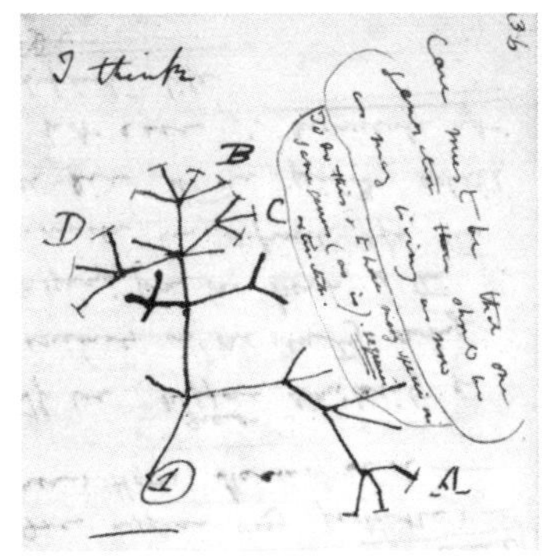

图 3-2　查尔斯 · 达尔文手绘的进化树

这张图简明扼要地概括了达尔文关于物种如何相互分化以建立今天的生命多样性的观点。这种描绘物种关系的方法至今仍基本未变。

种不相同。如果我们只关心物种的数量（物种多样性），那么我们选择哪片森林就没有任何区别。然而，物种还包含进化史，这让每个物种在生命之树上占据了独特的位置。在这个假想的例子中，一个林区包含橡树和山毛榉，它们在大约 5100 万年前分开了，当时这两个物种拥有最后一个共同的祖先。而另一个林区包含橡树和松树，它们在大约 3.13 亿年前分开并独立进化。因此，第二个林区包含更高的进化多样性，在其他条件相同的情况下，可以认为后者更值得保护。

进化多样性通常被称为“系统发育多样性”，通过连接所有被考虑在内的物种的分支的总长度来进行测量。进化树的测量单位通常是时间，这能反映 DNA 序列的差异（见图 3-3）。

随着进化的推进，新的特征涌现，它们可以帮助物种应对环境的挑战，并与其他生物体进行互动。那些使个体在产生后代方面更成功的随机突变被自然选择，这些突变体很快在一个物种及其后代中占据优势地位。

图＿3-3　进化树（系统发育）的例子

分支模式显示了物种之间的关系，每个分支的长度与它们从分化开始持续的时间或者基因差异的数量成正比。进化树一：显示最左边的腔棘鱼在大约 3.9 亿年前与肺鱼和四足类动物分离。进化树二：由裸鼻雀科的三种鸟组成，所包含的进化（系统发育）多样性比第一棵树低得多，尽管两棵树的物种多样性是一样的。各分支的长度仅供说明。

随着时间的推移，这个进程让动物获得新的特征，比如帮助鸟类飞行的轻质骨骼和帮助食肉动物捕杀猎物的锋利牙齿。最终植物在它们的叶片中进化出新的化学物质，能让食草动物中毒，而木本果实和厚实树皮则使它们能够在易发生林火的地区生存。正是自然选择的进化，使得今天的生命形态呈现如此惊人的多样性。

因此，通过确立物种之间的亲缘关系（包括它们首次进化的时间和地点）来拥抱进化多样性的时刻已经到来。这对确定物种保护的优先级至关重要，并且在现实世界中有许多重要的应用，比如提高粮食安全和改善我们的饮食（我们将在第 6 章展开讨论）。在过去 20 年里，我和同事们并肩作战，对数以千计的物种进行了越来越大量的 DNA 测序。我们还远远没有了解整棵生命之树，在我们的推进过程中，新的惊喜不断出现，比如我们很早就认识到，荨麻和蔷薇虽然看起来相去甚远，但是亲缘关系很近。在世界各地，生物学家正在努力完成达尔文对生命之树的构想，这项工作始于 160 年前，未来还有很长的路要走。一些同行，像巴西的露西娅 · 洛曼（Lúcia Lohmann）和南非的穆萨马 · 马阿西亚（Muthama Muasya），已经激励和培训了数百名学生收集、鉴定和测序特定物种的 DNA。在开展这项工作的同时，我们越来越多地将注意力转向了解生命之树的特定分支及其包含的物种在生态方面的功能，这一点仍然是生物多样性的五个方面中被研究最少的，不过它也许是最重要的方面之一。

第 4 章 功能

在本科阶段学习一年生物学后，我开始不耐烦。如果我要成为一名科学家，我知道我至少还需要三年的本科学习，然后才能申请硕士学位，直到有一天获得博士学位。这似乎要等很长时间，我得知道科研职业生涯是否适合我。

我到处打电话，想寻找答案，直到我听说了在北极圈以北约 200 千米的拉普兰的一个项目，这个项目属于位于小冰川湖拉特恩亚亚夫里（Latnjajaure）的一个研究站。该研究站建立于 20 世纪 60 年代，旨在研究这个湖的食物网：科学家很想知道，把并非自然存在于此的鱼类投放到湖里会发生什么。可是这些鱼在最寒冷的几个冬天里死光了，而科学界的注意力在 20 世纪 90 年代末开始转向气候变化，接着就有了利用该研究站调查气候变暖可能对周围的北极植被产生何种影响的想法，而北极植被是最先能被注意到发生变化的生态系统之一。

我听到关于这个项目的信息越多，心中就越会回响起美国著名环保主义者和探险家约翰 · 缪尔的名句："群山在召唤，我必须出发。"如果他们负担我的食宿和旅费，我自愿在拉普兰做一个月的免费助手。令我惊讶的是，尽管我缺乏经验，他们还是同意了。结果这成了我一生中收获最大的职业经历之一，它消除了我对科学是真爱的任何怀疑。

在我从拂晓微亮到午夜阳光下所执行的许多项任务中，有一项是建立永久样地来研究当地的植被。我们与当地的萨米人协商，让他们用小型直升机（平时用于在广袤辽阔的地方放牧驯鹿）把我们送到各个山顶。我们在这些山上的精确地点扎入铝棒，这些铝棒经风耐雪。然后我们记录下每块样地上的每一种植物和地衣。这让研究人员能够定期回来调查生物多样性如何随时间而变化。2001 年夏天，这项活动在欧洲 18 个地点同时启动，很快就发展到世界各地的 120 多个地点，从南北半球的极地和温带地区延伸到热带地区。

我们很难预测会发生什么。与我交谈的科学家们预计，随着气候变暖，一些北极物种将很快会从当地的景观中消失，从而减少植物的多样性。然而，令所有人惊讶的是，随着温度的升高，随后的调查显示，在短短的 10~15 年内，物种的丰富程度反而全面提高了。变化更大的是这些样块中的物种构成：一些物种变得比其他物种更常见，一些物种移动到了别处，还有一些物种出现在了低海拔地区或者其他相距甚远的山地上。由于每个物种的生态**功能**不同 —— 它们各自影响周围环境，与其他物种相互作用的方式也不同。这些定期的植被调查所揭示的最重要的洞见是这些样地的功能多样性（这些物种执行的生态功能的总体多样性）发生了惊人的变化。这些变化包括不同物种积累了多少总重量，以及它们是能存活多年还是仅存活一季。植物群落开始储存比以前更多的碳，灌木开始遮盖并取代草本植物、苔藓和地衣。一般来说，地理分布广泛的物种，通常能跨越多个国家甚至大陆，变得更普遍，使得植物群落更为同质化，彼此很相似。该研究表明，气候变化正在导致植物群落的功能在极短时间内发生明显且实质性的变化，威胁到高海拔生境及其特化物种的特性。

功能多样性是生物多样性的第四个方面，是在地球上生活的物种所固有的。至关重要的是，与我所描述的其他三个生物多样性变量相比，它通常是第一个随着环境变化而变化的变量。还是像上一章提到的，如果我们从两个假想的林区选择一个进行保护，其他条件都相同，而且两个林区拥有相同的物种数量、遗传多样性和进化史，那么生物多样性最丰富的林区就是物种发挥功能总量最大的林区。不幸的是，随着气候的变化，某些物种占据了大片区域，数量上超过了其他物种，它们带来的功能却往往比原始种更狭窄，比如在优势度[1]上，作为生长快速的植物遮蔽了其他物种，或者作为泛化种动物以许多其他物种为食。因此，功能多样性对维持一个充满多样性和差异性的自然界至关重要。

生物多样性的功能特征，通常被称为性状，是物种的不同个体能够表现出差异的可测量特征。它们可以与物理特征（如植物叶片的大小和类型）、行为（如动物的饮食习惯：肉食性、草食性等）或生境（如限制在深水或者浅水中生活的物种）相关联。正如你会看到的，功能性状可以是性质上非常不同的，而且在不同生物体中可以是高度特化的。在实践中，几乎不可能鉴定并测量一个物种的每一个功能，甚至连一些最重要的功能也很难测量。

举例来说，近年来，人们对在世界各地植树造林以减缓气候变化的兴趣很大，或是通过主动植树，或是通过自然再生。在整个生长季，树木通过叶片上被称为气孔的微小孔隙捕获大量的二氧化碳 —— 最重要的温室

1. 优势度指某个物种在群落中地位的高低和作用的大小，该物种的优势度越高，意味着该群落的多样性越低。—— 译者注

气体之一。叶片细胞内的微小绿色细胞器叶绿体利用太阳能将二氧化碳和水（从根部一路传输上来）转化为糖分和氧气。我说的是光合作用，这是地球上最重要的单一化学反应，它直接或间接地维持了几乎所有物种的生存。光合作用产生的糖分则成为我们在森林里看到的几乎一切（木材、叶片、根和果实）的主干分子。

然而，树木帮助捕获和锁定大气中的碳的潜力是相当不确定的。问题不仅在于我们缺乏对世界上 7 万多个已知树种的木材中的碳含量的全面评估，而且我们还不知道树木在地下的根能储存多少碳。到目前为止，科学家很少挖出树木来测量其根系总重量和总碳储量，而已经测量过的树木在不同物种之间存在着数量级的差异。在没有一手实际测量数据的情况下，对森林的总碳储量的任何计算都可能与真实情况存在很大差异。如果真实情况能够得到揭示，可能会大大影响我们的保护优先级，毕竟缓解气候变化是主要目标。

功能多样性的一个有趣的方面是**冗余性**这个概念，即某些物种与其他物种发挥着类似的功能，因此在一个生态系统中存在着功能过剩。这是好事还是坏事？几年前，我为哥伦比亚古生物学家卡塔利娜 · 皮米恩托（Catalina Pimiento）主持的一项研究做出了贡献，我们分析了来自加勒比海的数千种软体动物化石。我有幸在那里做过几个月的潜水教练，正如任何在那里浮潜过的人都知道的，该地区的海洋生物有着惊人的多样性。然而，大约 300 万年前，一些至今未知的事件（可能是环境变化）导致了大量物种消失。在这项研究中，我们很想知道是什么因素让一些物种得以生存而让另一些灭绝。我们发现，“冗余”的物种，比如那些以微小悬浮颗粒和浮游生物为食的物种（见图 4-1），受到了不成比例的影响。尽管

捕食者
滤食动物
氮和碳的固定

图 _ 4-1 一个岩石海岸的众多物种

健康的海洋群落发挥着若干不同的功能，以确保营养物质的循环，每一种循环都是由若干不同的物种完成的。例如，贻贝、海绵和藤壶等滤食动物吃浮游生物（小型的自由漂浮生物或大型动物的卵和幼体）和水中的其他有机物。接下来，海星、蟹和鱼，它们都是捕食者，吃滤食动物。同时，各种褐藻、绿藻和红藻吸收并储存水中的氮和碳。正是这种由不同物种和复杂的食物网组成的丰富功能，使得健康的生态系统能够抵御气候变化、人类干扰或疾病：如果一个物种消失了，其他物种可以取代它并保持系统稳定。

这种冗余对这些物种来说是个坏消息（它们的生存能力之所以不如更为特化的物种，也许是因为它们面临更高强度的食物竞争），但是对整个加勒比海的生态系统来说却是个好消息，尽管它失去了一半的不同物种，却只损失了 3% 的生态功能。

我们的研究和其他研究一起表明，冗余的物种提供了一道额外的保险：即使其中一些物种灭绝了，整体的功能多样性仍然保持不变。然而，当功能独特的物种灭绝时，生态系统就会遭受很大的损失。因此，如果我们要充分了解和保护生物多样性，那么与生物多样性的其他方面一样，了解和测量功能多样性也是至关重要的。它可以帮助我们评价自然生境的生物多样性保护和碳储量并划定优先级。最后，功能多样性在生物多样性的最小组成部分（物种及其基因）和最大组成部分（生态系统）之间架起了一座桥梁。

第 5 章 生态系统

1802 年，伟大的德国博物学家亚历山大 · 冯 · 洪堡在南美洲蚊虫滋生的丛林中旅行数月后，造访了厄瓜多尔的钦博拉索火山，并首次科学地记录了动植物物种如何随着海拔高度的变化而变化。他看到了气候和地形如何帮助创造生态系统的巨大差异：从炎热潮湿的低地，到雾气缭绕的云林，再到安第斯山脉的清凉草地和雪床植被。通过在加勒比海及北美洲、亚洲的旅行，以及与其他科学家的广泛通信，洪堡描述了相似的生态系统多样性如何出现在世界各地，而每个系统都有自己的一组物种和特征：从非洲容易起火的稀树草原到加拿大的季节性草甸和青藏高原的高山草地。在海洋中，温度和地形与盐度和深度相互作用，产生了诸如珊瑚礁、海草草甸、泥滩和深海底等生境，生命可能始于大约 40 亿年前的热液喷口。

地球上生态系统的多样性是我们拥有这么多物种的一个关键原因，也是它们在生命形态、行为和功能方面表现出巨大差异的原因。例如，马达加斯加西南部的肉质植物林地所包含的物种就与东部的低地雨林完全不同。在许多情况下，关注整个生态系统的保护比关注单一标志性物种保护的传统做法更有效。这是因为物种很少能被孤立地进行保护，而拯救整个生态系统的一部分有助于同时保护许多物种。

在自然界，物种是由种群组成的，种群则是由个体组成的。在更高的组织层次上，若干物种组成群落（比如上一章图 4-1 所描绘的岩石海岸群落），群落又组成越来越大的单元。世界自然基金会采纳的一个通用的陆地格局是将陆地生态系统[1]归入 8 个界（其中多数是在 19 世纪由一些博物学家确立的，包括英国探险家和进化论创立者之一阿尔弗雷德 · 拉塞尔 · 华莱士，这一分类方式非常有名），比如新热带界和古北界。8 个界里包含 14 个生物群系，比如北方林和红树林，这些生物区系又被进一步细分为 867 个生态区域，比如温带阔叶林和混交林。一般来说，尺度越精细，就越有利于对现实世界指定区域进行生态保护。

通过自己广泛的旅行和对当时可用文献的研究，阿尔弗雷德 · 拉塞尔 · 华莱士在 1876 年提出了世界主要动物地理区域的划分，至今仍大体适用。划分出的区域中的每一个都包含了该区域所特有的动物群。一个例子是动物界的贫齿目，其中包括食蚁兽、树懒和犰狳，这些动物几乎只存在于新热带界，它们曾在那里隔离于其他大陆而进化。

令人着迷的是，洪堡对气候与生态系统类型之间的联系的早期观察至今仍然非常适用。得益于他所倡导的全球气象站网络的建立，今天我们知道，世界上任何一个平均温度超过 18 摄氏度，年降雨量超过 2500 毫米的地方都应该自然地形成雨林（呃，除非我们已经把它砍光）。此外，年变化（季节性）是预测每个区域生态系统发展的一个关键方面。例如，虽然南美洲的塞拉多稀树草原比一些常绿林的降雨量更大，但它仍然是一个开放的草地和树木的镶嵌体，每年只有少数几个月会下雨。而一个热带雨林

1. 与分类学的原则（包括前文提到的林奈将物种划入界、纲、目、科、属）相比，科学家对海洋和陆地生态系统的术语、鉴定和划界意见并不一致，诸如生态系统、生物群系和生物区等术语有时可以互换使用。在本书中我使用这些术语中最常见的一个：生态系统。

的形成，需要每个月都有至少 60 毫米的降雨量。

人类的干扰也产生了影响，我们已经赶走了许多能保持森林稀疏的大型动物，转而引入牛耕火种来保持森林稀疏，这意味着我们的行动已经改变了许多陆地生态系统在人类出现之前的动力学。最近，我们在许多地方采取了相反的行动，我们现在预防并试图迅速扑灭森林和灌丛中的火灾，即便火灾是由闪电等自然现象引起的。这样做在世界上的地中海气候区造成的问题最大，包括地中海盆地、美国加利福尼亚州、智利中部、澳大利亚西南部和南部以及南非的开普区（巧合的是，这些地区均以生产红葡萄酒闻名）。在其他地区这也仍然是一个问题，比如斯堪的纳维亚、亚洲北部和加拿大的部分地区，这些地方虽然不常发生火灾，但是确实偶尔会发生火灾。对一些人来说，这可能是反直觉的，不过防火往往会给那些适应（有时甚至是依赖）火而成功繁殖或生长的生态系统和物种带来负面后果。常规性灭火的另一个副作用是，陈年的植物材料（如叶片和树枝）最终会大量积累，使得火灾比在更自然的条件下起火温度更高、火势更大且更具破坏性。

有时，生态系统之间的转换非常突兀，以至于当你开车越过一个山口时，在短短几米的空间内就从半干旱的灌丛进入了茂密的森林。这种现象在世界各地的许多山地普遍存在，比如大加那利岛和南非的开普区，携带水分的气流在山的一面（迎风面）促进了湿润植被的保持，而另一面（背风面）则是干燥环境。在其他地方，转换是逐渐发生的，绵延数千公里，比如从墨西哥北部和中部长满仙人掌的半干旱景观转换到墨西哥南部和中美洲茂密的湿润林。

生态系统，就像物种一样，是短暂的。我们所熟悉的一些主要的生态系统在地球历史上建立没多久，另一些则已不复存在。全球气候变化会导致多个大陆出现同样的变化，比如非洲、南美洲和澳大利亚的大片草地似乎是同时出现的。秘鲁植物学家莫妮卡 · 新垣（Mónica Arakaki）和美国进化生物学家埃丽卡 · 爱德华兹（Erika Edwards）以及他们的同事已经证明，这些生态系统的扩大是大约 1300 万年前开始的冷却干燥期带来的结果，在这期间，草和肉质植物（储水植物）的多样化产生，这些植物能够进行新的光合作用，被称为 C4 和 CAM（景天酸代谢）途径，在干燥环境中特别高效。与世界上绝大多数植物所具有的 C3 途径相比，C4 植物（比如稀树草原上的许多草）将碳集中在那些产生糖的酶周围的特化细胞中，不与氧气接触，或者不需要呼吸作用（这一过程会向大气散失大量的水）。相比之下，仙人掌等 CAM 植物通过在温度较低的夜间打开气孔来节省水分，它们可以吸收二氧化碳并将其储存在液泡中，以便之后在白天进行同化。或许反直觉的是，正是这些在细胞和分子水平上微小的适应性，使整个生态系统得以运转。

相反，化石揭示了一个巨大的生态系统 —— 北热带林的消失。北热带林是在大约 6600 万年前恐龙灭绝后不久出现的。虽然你可能从来没有听说过这种森林，但它却是覆盖北美、欧、亚三大洲的南部大片地区的主要植被，历时逾 2000 万年。它包含一种不寻常的大树，源自热带，却长着厚实且适应干旱的叶片。我们虽然不知道当时气候的细节，但是根据这些特征，我们有理由认为该地区曾经存在分明的湿季和干季。当时的气候可能比今天的雨林干燥一些，又比今天具有地中海气候的地区潮湿一些。

然而，我们对生态系统的进化以及这对长期保护意味着什么都知之甚少。这些历史变化告诉我们，我们不应该把今天的生态系统视作理所当然。一个特别值得关注的问题是，可能存在着“临界点”或“不归路点”，一旦超过这个点，整个生态系统可能就无法恢复到之前的状态。例如，科学家估计，世界上最大的亚马孙热带雨林，从其森林总量损失 20%~25% 的节点开始，就会不可逆转地变成稀树草原。据估计，我们已经失去了亚马孙雨林在人类出现之前的森林面积的大约 18%，这可能意味着我们已经非常接近临界点了。近来我们目睹了一些生态系统的类似变化，比如非洲萨赫勒地区的荒漠化，这可能是自然原因造成的。撒哈拉以南的大型干旱土地带的面积是埃及国土面积的三倍，直到数千年前这里还是湿润的，大部分区域覆盖着森林。还有一个例子是咸海的极度萎缩，咸海曾是位于今天的哈萨克斯坦和乌兹别克斯坦之间的一大片水域，充满了生命力，人类在它周围建立了一个丰富的社会文化。这一切都消失了，在很大程度上是人为因素导致的。

生态系统是地球生物多样性的最大组成部分。虽然它们比我们“生物多样性之星”的最小单元 —— 基因（遗传多样性）大得多，但是基因和生态系统各自代表了同一架望远镜的透镜。这架望远镜的所有五个生物多样性“透镜”都是对齐的和互补的，就像精细调试过的望远镜让我们能够探索遥远的天体一样，这架生物多样性望远镜则让我们能够探索、了解并真正看到我们的生命行星。我们已经更全面地了解了什么是生物多样性，现在是时候了解它为什么真的很重要了，之后我们再面对它为什么消失得如此之快这一确凿事实。

第二部分

生物多样性的价值

一朵花价值多少？这个问题的答案取决于谁来回答。在我们这个高度货币化的社会里，经济学家可能会试图尽量客观地给它贴上一个价格标签。成材乔木的花，对乔木的繁殖和它们由此在森林中的存在来说至关重要，其价值可能与木材本身的价值相当。对于小农场主来说，那些能在当年的干旱中存活的作物的花的价值才会高。对只给单一植物物种授粉的蜜蜂来说，它的舌头无法触及其他植物的蜜腺，找到正确的花来解饿充饥将是一个关乎生死的问题。对诗人或自然爱好者来说，一朵花的价值至少与在森林中经过长途跋涉才找到的令人陶醉、充满敬畏的奇葩一样高。价值是相对的、流动的、重要的却又模糊的。当我们凝望星空时，星星压根不会关心我们对它们的看法。同样，花朵和生物多样性也并不是真的为了我们而存在的。不过，有一件事是肯定的：没有它们，我们就不会出现在这里。这一部分内容就来探讨其中的原因。

第 6 章
对人类的价值

我非常清楚地记得 21 世纪初的一天，我叩响了哥德堡大学植物研究所伦纳特 · 安德松（Lennart Andersson）办公室的门。那是一个炎热而潮湿的日子，就在放暑假之前不久。我知道伦纳特是一个寡言、矜持且相当古怪的老师，他说话很轻，我们这些学生总是需要坐在教室最前面才能听到他说话。我在第一次见到他后又过了几个月，才意识到他是一位教授。事实上他是一位著名的科学家，作为研究美洲热带植物群的主要专家而闻名于世，并为 150 多种植物进行了科学命名。他不喜欢自吹自擂。

伦纳特坐在他那把塌陷的旧椅子上，只用两根食指在一块肮脏的键盘上疯狂地打着字。他的办公桌上堆满了论文、期刊、地图、腊叶标本和几个空咖啡杯。我清了清嗓子，为自己打扰了他表示歉意。我说，我一直在考虑我的未来，想知道他是否愿意指导我为取得硕士学位而进行的科研项目。他花了几秒消化我的话，然后展开了一个大大的微笑。“没问题，”他说着指了指桌子另一边的一把椅子，“我们谈谈吧。”

那一天改变了我的人生。在几小时里，我们进行了深入的讨论，话题很快就转到了一群南美洲植物上，它们的集体学名是 Cinchoneae（金鸡纳族），包含约 120 种小树。这群植物最出名的一点是，它们是奎宁的来源。奎宁是一种存在于这群植物的树皮中的苦味物质，现在因其赋予汤力水[1]独特味道而闻名，曾经是数百年中唯一已知的治疗疟疾的药物。有人认为，奎宁是历史上拯救人类生命最多的植物药。伦纳特花了很多年试图弄清楚这个群到底包含多少个物种以及如何区分它们，不过他缺乏来自一个关键地区 —— 巨大的亚马孙雨林西北部地区的标本。我是否有兴趣研究这群植物，甚至和他一起去那里旅行？嗯，你可以猜到我的答案。剩下的事就不必赘述了：乘坐小型飞机和独木舟穿越森林，在炎热天气中长途跋涉，收集了许多标本，对一个包含两个物种的新植物属进行了科学描述。虽然有些植物学同行选择用他们的伴侣或亲属的名字来命名新植物，但是我决定将这个属称为 *Ciliosemina*（纤翼鸡纳属），意思是“毛茸茸的种子”，用肉眼很容易看到那些毛（见图 6-1），这样有助于人们将它与这个群的其他物种区分开来，后者都拥有无茸毛的种子。

南美洲原住民对金鸡纳树皮（泛指金鸡纳族的几个物种的树皮）的使用是展示人类在整个生存史中如何受益于生物多样性的一个完美例子。通过试错，通过在味觉、触觉和嗅觉等基本感觉的引领下观察其他动物，我们的祖先探索了他们周围几乎所有物种的用途。在生物多样性和文化多样性交汇的安第斯山脉，秘鲁、玻利维亚和厄瓜多尔的原住民社群（比如克丘亚人、卡纳里人和奇穆人）早在西班牙人到来之前就知道金鸡纳树皮。这些社群如何使用金鸡纳树皮在很大程度上仍不为人知，不过它可能被有效地用于防治肠道寄生虫。尽管有些传统知识可能在与殖民统治的残酷冲突中失传了，但是现在的新技术让我们能够较好地了解这些植物的历史。

1. 汤力水是用苏打水与糖、水果提取物和奎宁调配而成的，可以当作汽水饮用，主要用来与烈酒调配各种鸡尾酒。—— 译者注

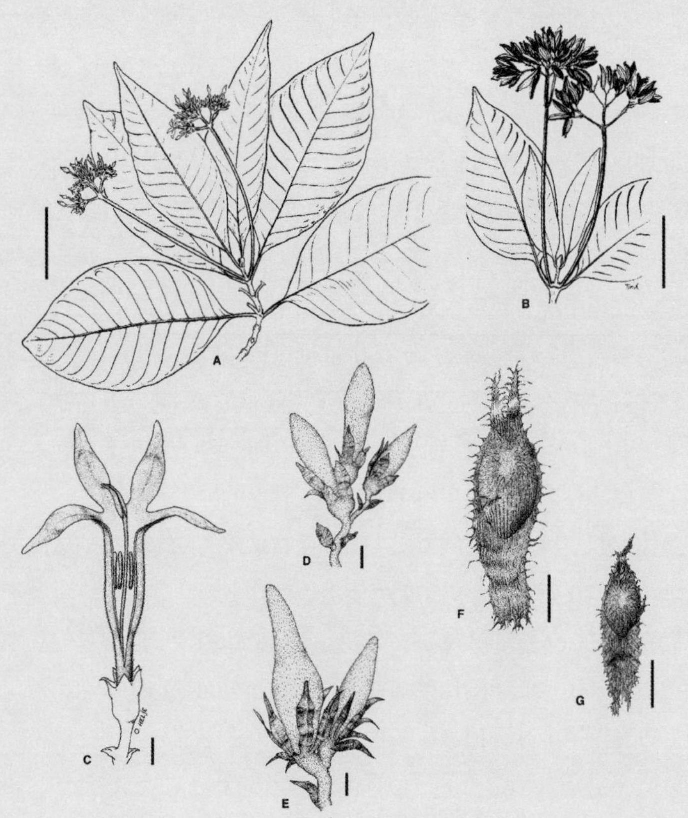

图 _ 6-1 纤翼鸡纳属中的两个物种

我早期发表的科学论文中有一篇描述了它们。它们所属的群 —— 茜草科是世界上最具多样性的植物科之一。这一物种每年都有新的科学发现，主要来自未被研究的热带地区。

我与丹麦同事尼娜 · 伦斯泰兹（Nina Rønsted）一起，有幸共同指导了两名优秀的南美洲学生的博士论文，他们是来自玻利维亚的卡拉 · 马尔多纳多（Carla Maldonado）和来自秘鲁的纳塔莉 · 卡纳莱斯（Nataly Canales），他们从近来和历史上人们收集到的树皮样本中生成了大量的基因数据。他们与另一位学生金 · 沃克（Kim Walker）以及邱园经济植物学收藏馆馆长马克 · 内斯比特（Mark Nesbitt）一起，研究阐明了这一引人入胜的传奇故事的许多方面。金鸡纳树皮绝非孤例。到目前为止，科学家们汇编了来自世界各地传统社群已知用途的约 4 万种植物的数据，这些植物曾作为药物、食物、纤维、居所、木材、毒物、能源、油类、装饰品、麻醉品等的来源。

前几章所探讨的生物多样性的多个方面对我们探索和利用物种起到了重要作用。我们经常听到一种说法，包含丰富的水果和蔬菜的多样化饮食非常重要，那么我们应该选择哪些食物呢？这显然是一个复杂的问题，它涉及季节和可获得性、环境影响、口味和价格等因素，以及一个在很大程度上被忽视的因素 —— 它们的进化多样性。正如我们已经知道的，不同物种之间的进化多样性可以存在很大差异。如果你用土豆、西红柿和茄子做一道菜，那么你的菜里就会有同一个植物科（茄科）的三个成员，它们有着很近的亲缘关系，代表了大约 3700 万年的进化。如果你转而选择土豆、西兰花和核桃（分别来自茄科、十字花科和胡桃科），那么你就把食材代表的进化时间延长了近 10 倍，达到 3.4 亿年。

此处的关键不是你的盘子里有多少进化时间，而是这段消逝的时间所能提供的营养结果。我们可以从许多不同的食物来源中获取我们日常所需的大量营养素，它们能为我们提供大部分能量摄入，包括我们所需的蛋白质、脂肪和碳水化合物。除了这些，我们还需要全系列的微量营养素，即维生素和矿物质，这些营养素无法在我们体内合成，却对我们的生存至关重要。这些营养素特别难找，而且往往被限制在生命之树的特定分支上，并非随机散布。以锌为例。我们对锌的需求量很小，一个成年女性每天大约需要 8 毫克，不过我们身体里的每个细胞都会用到它，因为它是制造 DNA 的关键材料。它还帮助我们抵御细菌和病毒。锌含量最丰富的植物大都属于豆科，包括鹰嘴豆、兵豆和菜豆。要获取另一种微量营养素——硒（对我们的生育能力很重要），我们需要吃十字花科的成员，包括卷心菜、花椰菜和西蓝花。

虽然需要更多的研究来证明这一点，但是逻辑和现有的证据表明，进化意义上的多样化饮食对我们是有益的。而实际情况常常并非如此，这就非常令人担忧了。全世界有 40 多亿人依赖三种主食：大米、玉米或小麦。正如你会注意到的，它们都是禾本科植物，这意味着我们的饮食本质上与自由放养的牛非常相似。人体 90% 以上的热量摄入仅仅来自 15 种农作物。这个数字与科学家根据世界各地的传统知识记录的 7000 多种可食用的植物形成了鲜明对比，尽管后一个数字也只占全世界可食用物种总数的一小部分。

我们的社会只依赖于这么少的农作物，这一点显然是造成营养不良、贫困和不平等的一个原因。并且因为我们只依赖这么少的物种，所以我们还将自己置于一个极其脆弱的境地，毕竟单一的害虫或病原体就可以迅速摧毁大量种植园。这正是 1845—1849 年大饥荒期间发生在爱尔兰的情况，一种类真菌的生物体摧毁了马铃薯作物，而马铃薯是当时大部分人口的主要食物来源。农作物的歉收，加上在殖民统治下大量本地人口经历的不平等所造成的其他社会政治问题，导致了数百万人的悲惨死亡。今天，另一种真菌正在对世界上消费量最大的水果——香蕉构成尚无法解决的威胁。尽管存在 1000 多个品种，而且每个品种都有自己的遗传变异、颜色、形状和大小，但是世界上一半的香蕉生产和 99% 的香蕉出口都依赖于一个单一品种：香芽蕉。最近的也是最具破坏性的真菌菌株于 1990 年左右被首次报告，此后在东亚、澳大利亚、非洲、中亚以及 2019 年在拉丁美洲均有发现，并引发了一种泛热带疾病。这种病很可能会影响大多数（如果不是全部）单一种植的香芽蕉，因此那些种植更多品种香蕉的农民的情况会好很多。在非洲，小农场种植和交易多种香蕉品种的历史已有 1000 多年，小农场的香蕉不仅占到非洲大陆香蕉总产量的 3/4，而且小农场主也保证了他们的产品不被完全摧毁。

生物多样性生态系统的价值远远超出了单个物种的价值，也就大大超出了其各部分的总和。几千年来，它们为人类提供了数不尽的实际贡献。这些通常被称为生态系统服务，或者使用一个更广泛、更新近的概念，叫**自然对人类的贡献**，这个概念更明确地包含了非物质惠益。我在世界各地参观过的一些最美丽而且最具生物多样性的森林都受到了保护，因为它们为城市提供了清洁的水源。野生蜜蜂和其他昆虫免费为我们的许多农作物授粉。森林和其他生态系统（比如自然公园），带给我们锻炼的机会和甜美、新鲜的空气，帮助我们和家人在紧张的生活中重焕生机，提高生活质量并增进福祉。

植物是我们从自然界获得的主要惠益，同时我们也利用了数不尽的动物。显然，我们已经把它们当作食物，它们为我们提供了宝贵的蛋白质和脂肪，而且往往是以精雕细刻的方式——从格陵兰岛因纽特人的传统海豹佳肴[1]到婆罗洲洞穴里金丝燕用凝固的唾液制作的燕窝。我们也将动物用于医学，比如原产于北美洲大西洋沿岸的马蹄蟹，由于它对带毒素的细菌极为敏感，其鲜蓝色的血液在医学上发挥着宝贵的作用。马蹄蟹已经存在了超过 2.4 亿年，即便在医学进步的今天，使用它们的血液仍然是确保药物和疫苗不含有害细菌的最有效方法。到目前为止，美国生产的针对新冠肺炎（COVID-19）的疫苗以这种方式进行了检测，以确定其是否能获得使用许可。

尽管报告了这么多关于生物多样性的用途，但是我们只触及了冰山一角，还存在一个包含许多有用特性的巨大宝库留待发掘。我们不知道下一个流行病会是什么，它的治疗方法很可能隐藏在刚果的森林里或者新西兰的草地上。今天活着的每一个物种都携带着经过至少数百万年进化的基因，这些基因让它们能够应对特定的环境条件，抵御病毒和细菌，并发展出聪明的新方法来战胜其他物种。生长在过期面包上的蓝色或绿色霉菌被人们嫌弃了许多世纪，直到苏格兰科学家亚历山大 · 弗莱明意外地发现它能产生一种物质 —— 青霉素，它拯救了上亿人的生命。这只是据估计现存的至少 300 万种真菌中的一种，因此可能还有更多有用的真菌留待我们去发现。如今，随着我们对物种之间的亲缘关系以及它们的基因所起的作用的认识不断深入，新技术可以加快对不同物种的重要特性的探查和测试。

从经济学角度来说，生物多样性通常被认为是一种“资产”。与经济投资组合类似，你拥有的生物多样性选项越多，在面临极端气候事件和意

1. 食物名称是 Kiviak，中文称为腌海雀。人们将几百只侏海雀杀死，带羽毛完整地塞进一张海豹皮中并将海豹皮缝合密封，经过几个月的贮藏发酵，侏海雀可以在取出后直接食用，它是因纽特人在冬天时摄入维生素和矿物质的一种方式。—— 译者注

外环境威胁等不利条件时，你继续生存下去的机会就越大。小农场主们一直以来都明白种植多样化作物的价值。在东非，数千年来，人们一直在自己的土地上种植各种各样的物种和品种。他们选择了特别适应当地环境（从洪泛区到高地）的作物。这种多样性带给他们长久的安全，例如，由于旱季持续或者蝗虫袭击会导致当年某一种作物的收成不是很好，但是其他作物可能并未受到影响。

从生物多样性中获取价值所面对的主要挑战可以归结为一个词：可持续性。纵观历史，我们想当然地认为，只要我们想，就可以从自然界获取我们需要的任何东西，而不必给予回报，也不必给自然界足够的时间来恢复。我们抓了太多的鱼，杀了太多的马蹄蟹，砍了太多的能制造奎宁的树，捕了太多的海豹，偷了太多的燕窝。我们认为生物多样性是一种无限的资产，于是夺走了其中的遗传、分类、进化和生态系统多样性。我们恢复生态系统的尝试是值得赞扬的，不过其中也存在失败的风险，除非我们同时停止会加剧生态系统恶化的不可持续的收获和捕猎 —— 这是生物多样性丧失的一个主要驱动因素，我们将在第 10 章深入探讨。我们必须尽快找到以更加公平和环境可持续的方式来实现社会和经济可持续发展的方案。我们还需要认识到，物种并不是等待我们使用的有用物品的集合；它们是复杂的、相互交织的生物体，在维持生态系统良好运转方面发挥着重要作用，而生态系统良好运转是自然界健康发展的前提。

第 7 章 对自然的价值

生物多样性主要是作为人类的资源而存在的观点在很多文化中根深蒂固。

对生物多样性的剥削性观点仍然占据着大多数人的头脑并主导着公共辩论。它也是最被广泛接受的针对物种保护的论点：我们必须保护物种，它们可能对我们有一些已知或尚不知道的好处。在我到世界各地采集植物的许多次旅程中，我记不清有多少次被当地人问道："这种植物能带来什么好处？"如果我回答"据我所知，带不来什么好处"，他们会做出不相信的手势。在瑞典，常见的蜱虫 —— 该国最微不足道且最危险（它能携带疾病）的生物之一，几乎每年夏天都是广播辩论的靶子，人们探讨它们到底为什么存在，又如何才能一劳永逸地将它们消灭。

每个物种都是自然界错综复杂的生命之网的一部分。它们的存在对保持生态系统的健康和功能至关重要，它们驱动了关键的自然过程，比如进食、繁殖、扩散、竞争、生存和死亡。有些物种可能扮演着我们几乎没有意识到的角色，比如不同真菌在腐烂的原木内打着化学战，或者虾、海螺和毛足虫可以把海底的大型鲸鱼尸体啃到只剩一堆白骨。即使是瑞典人最讨厌的蜱虫也扮演着关键的生态角色：它们是许多动物的食物，比如鸟类、青蛙、蟾蜍、蜥蜴和蜘蛛；它们在许多动物之间传播病毒、细菌等微生物，这可能有助于调节这些动物的种群规模；它们还是几个寄生物种的宿主，比如依靠它们来产卵和生存的一种跳小蜂（*Ixodiphagus hookeri*）。

有时，一个单一物种对生态系统的影响是非常明显的。1995 年，生物学家在美国的黄石国家公园放生了 8 匹狼。因为狼偶尔会捕食牛，所以当地农民曾在公共机关的支持下对狼进行狩猎，导致该物种在当地已经灭绝了 70 年。早在 20 世纪 30 年代，科学家就担心落基山马鹿这个物种的数量增加会造成不良影响。曾经被狼群猎杀的马鹿正聚集在国家公园里吃草，这加剧了水土流失，使许多植物面临消失的危险。进行这样的"重新野化"实验并非没有争议，因为许多人担心狼群会越过国家公园的边界，攻击农民养的牲畜，或对人构成威胁。

在随后几年里，参与该项目的国家公园巡护员和生物学家都不敢相信自己的眼睛。被释放到国家公园的 8 匹狼引发了一连串的效应，其影响之大远超任何人的想象，而且还在不断扩大。正如所预测的那样，狼确实减少了马鹿的种群数量。随着马鹿的减少，国家公园的山谷很快从草地被过度啃食的状态中恢复，植被也随之增加。许多植物物种的数量增加，包括颤杨、棉白杨、赤杨和几种柳树，以及产浆果的灌木。柳树的增长尤为明显，它们是马鹿和河狸在冬季的主要食物来源。随着柳树的增多，在狼被重新引入之前仍然存活于国家公园的单一河狸群体，现在靠着大量的食物茁壮成长并成倍繁殖。河狸通过新建并扩建水坝和池塘，开始影响整个公园的水文。这些水体转而又为许多鱼类和其他淡水物种提供了合适的生境。在陆地上，鸟类在这个全新的景观镶嵌体中蓬勃发展，鸣禽的数量增加了。换句话说，如图 7-1 所示，一个单一物种的引入改变了整个生态系统的动力学和生物多样性，甚至改变了其中河流的流向。相比之下，人们

图＿7-1　重新引入狼之后的黄石国家公园

被释放到野外的少量个体导致了一系列事件，创造了一个具备多样性和异质性的生态系统，与 20 世纪 20 年代狼在当地灭绝后所形成的生态系统迥然不同。

原本担心的狼群对牲畜和人类的影响反而是极小的而且可控的。

对自然界有如此关键影响的物种通常被称为**关键种**。其他的例子包括大象，它们啃食和践踏植被，这能防止森林里的树冠变得过于茂密，促进阳光向下传递给低矮的物种。海獭通过吃海胆来控制海胆种群数量，这有助于维持加利福尼亚州海岸外高度多样性且相互交织的海藻林的平衡。许多啄木鸟每年在树干上筑新巢，旧巢则为许多其他野生动物提供了庇护，从猫头鹰、鸭子和燕子到许多小型哺乳动物。

没有一个物种是孤立生活的，一个物种的消失会对另一个物种产生直接影响。在读博士期间，我研究了桔梗科的一群植物 —— 半边莲。我发现它们起源于非洲南部，并能从那里蔓延到数千千米以外的大陆。这可能要归功于它们微小的种子，这些种子要么被风吹过这段遥远的距离（我发现 1 克种子中大约有 3.6 万颗种子），要么粘在鸟的羽毛或脚上搭便车。不管是哪种机制促成了这一史诗般的旅程，至少有一颗种子在数千万年前降落在了夏威夷群岛，它茁壮成长，并逐渐形成了地球上其他任何地方都没有的一个由超过 125 个物种组成的非凡植物群，这是所有群岛上发生过的最大的植物物种爆发事件。

夏威夷半边莲之所以多样化出这么多物种，部分是因为它们发展出了对当地动物群特别是对鸟类的适应性。随着时间的推移，作为自然选择的结果，一些雀形目鸟类进化出与特化种半边莲形状完全匹配的喙，这种半边莲则进化出形状完美的花瓣，以帮助这些鸟类采食花蜜。这创造了一种互利关系：鸟类得到了有效的食物来源，植物则得到了最佳的传粉者。鸟类会飞到很远的地方去寻找同种植物的花来采食，与此同时传了粉。这种美丽的协同进化的相互作用持续了几百万年，直到 1000 多年前波利尼西亚人到达这里，带来了猪和老鼠；再后来欧洲人在群岛登陆，引入了一种更凶猛的动物家猫。被遗弃的猫很快就变成了野猫，为了生存而捕食当地的动物，并将一些当地特有的鸟类赶上了灭绝之路，包括那些与半边莲相互作用的鸟类。没有了最佳的传粉者，许多半边莲物种的数量大幅下降，有几种被认为已经灭绝。

除了支持单个物种之间复杂又脆弱的相互作用，生物多样性还是生态系统从自然干扰和人为干扰（从龙卷风到推土机）中恢复的基础。物种丰富度高的生态系统通常能够维持高水平的功能多样性：如果一个物种出局，至少是暂时出局，那么另一个物种可以替代它。例如，大多数猴子对食物来源并不太挑剔。我在对中美洲的一次访问中，了解了研究人员的工作，他们给巴拿马运河中的巴罗科罗拉多岛上的猴子安装了 GPS 追踪器，这些追踪器显示，这些动物每天都会长途跋涉，游荡于大片森林中来寻找食物。只要找到一种结着果实的树或者有足够的昆虫或小型猎物，猴子的需求就会得到满足，它们的存在和它们对生态系统的所有贡献就会持续下去。

生物多样性对自然界的重要性，适用于从热带到极地的所有地区，无论其生态系统本身的物种数量是多还是少。在北极地区，北极熊（体重达 800 千克）几乎只吃海豹，偶尔也吃海象、鸟蛋和鲸鱼尸体。因此，气候变化或捕猎造成的北极熊或海豹的种群数量的任何变化，都可能导致食物链立即中断，并给整个北极生态系统带来连锁反应。

虽然我把生物多样性对人类的价值和对自然的价值分成了两章，但是公允地说，在大多数情况下，对自然有好处的东西对我们也有好处。一片繁茂的红树林不仅为多种形态的海洋生物提供了必要的生境，还为人们提供了食物，为人们抵御风暴和海啸。一片受到良好保护的雨林不仅会支持生物多样性所有方面的发展，还会提供大量人们依赖的宝贵的生态系统服务。这都是关于功能和好处的问题，如果一个物种不具有一个已知或假定的对其他物种的贡献，我们还能证明投入资源支持其继续存在是合理的吗？

第 8 章
对其自身的价值

2017 年，《华盛顿邮报》刊登了一位科学家的公开社论信，标题是“我们不需要拯救濒危物种，灭绝是进化的一部分”。虽然按照惯例这封科学家来信的标题是报社编辑选取的，但是信中有许多句子全然反映了作者的意图，例如，“我们应该保护生物多样性的唯一原因是我们自己”“对一个我们参与了扼杀的物种进行保护……有助于消除我们的内疚，别无他用”，以及“灭绝并不含有道德意义”。

看到这些观点发表在一份有逾一亿读者的主流报刊上，我感到很不快。我觉得把当前物种的灭绝称作一种“自然”过程（它并不自然：现在物种的消失速度比人类出现之前快了成百上千倍），并把这种论断作为降低保护自然优先级的理由，既是一种误解，也是过度的人类中心主义。科学家偶尔也会因为对远离他们舒适区的争议性话题发表意见而贻笑大方，就算他们的意见中的事实可能不对，我也会为他们广泛参与社会议题而喝彩。可是，这封信中的很多观点出自一位备受称赞的年轻研究人员，他的专长正是他着手研究的课题：生物多样性科学。

许多愤怒人士的评论立即出现在这份报纸的官网以及社交媒体和各种博客上，而我则想表明，社论中表达的观点并没有得到生物多样性科学家的广泛认同。因此，我的朋友兼同事艾莉森 · 佩里戈（Allison Perrigo）

和我起草了一份倡议对这篇文章进行回应，并开始联系其他同行，询问他们是否有兴趣共同签名。这件事迅速发酵，而且几乎无法控制。通过口口相传，我们的倡议一开始收集了几十个，然后是几百个，最后是3000多个签名，其中包括诺贝尔奖得主和科学界与社会各界的许多知名人士。在我们的大力推动下，《华盛顿邮报》最终刊登了这份倡议。虽然由于严格的字数限制，它比当初那篇争议性文章要短得多，而且可能只被一小部分该报读者读过，但是它确实彰显了许多人感到物种保护迫在眉睫的激情：保护物种不仅是为了保护人类和生态系统价值，而且是为了实现生物多样性自身的内在价值。

我意识到，如果我们谈论的不是其他物种，而是人类，那么以上整个讨论可能永远不会发生。诚然，世界上绝大多数人与我们中的任何人都没有什么联系；他们离我们太远，无法成为我们本地社区的一分子，他们既不种植我们的食物也不接受我们的服务。他们虽然可能对他们的亲戚和朋友很重要，但是许多人没有任何直系后代或近亲，而这并不意味着他们不应得到社会的关心、支持和体恤。换句话说，每个人都有自己的价值，都有自己生存和发展的权利。这种观念难道不应该扩展到所有生物身上吗？我知道我触碰到了敏感地带，因为很多人会认为人类和所有其他物种之间有如弱水之隔。不过，作为一名进化生物学家，我看到了大量的证据，证明我们只是类人猿和猴子所包含的众多物种中的一种，是生命之树的灵长类分支上的一片叶子。我们与其他物种共享我们的大部分DNA，以及我们的历史，因此，我们不能与自然界分离出来，自然界和其中的物种也不能与我们分离开来。如果我们的道德和伦理能强行规定每个人都拥有平等的生存权，那么我们就没有理由不把类似的权利赋予非人类物种。

自然界和物种拥有其“自身的权利”的观念在许多文化中源远流长，并且在最近些年得到了越来越多的关注。在“自然的权利”的保护伞下，世界各地的组织正试图赋予山脉、河流、海洋及其生物多样性以“存在、持续和再生”的合法权利。这与土地被谁拥有自然就是谁的“财产”的现状形成了鲜明对比，后者实际上赋予了人们肆意破坏自然的权力（除非该土地受到某种形式的法律保护）。2008 年，厄瓜多尔成为第一个在其宪法中承认“自然的权利”的国家。此后，一些国家开始陆续效仿，包括玻利维亚、新西兰、墨西哥、乌干达、孟加拉国和印度。在有些案例中，这种权利已在地方而非国家法律中得到确认，包括美国的几十个县市。

不过，这些仍然是孤立的胜利，不为大多数人所知，而且在事情真的变严重时，其所能发挥的力量也很有限。同样明显的是，许多人，包括一些最有权势的人，并不认同生物多样性具有值得保护的内在价值的观点。

无论从自私还是利他的角度来看，重视和保护世界生物多样性的迫切性都不容否认。面对我们这一代人所造成的巨大环境威胁，我们必须在为时已晚之前，集中全部注意力来拯救我们星球上的物种和生态系统。为了实现这一目标，我们首先必须明确并了解生物多样性丧失的主要驱动因素。

第三部分

生物多样性面临的威胁

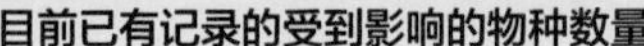

目前已有记录的受到影响的物种数量

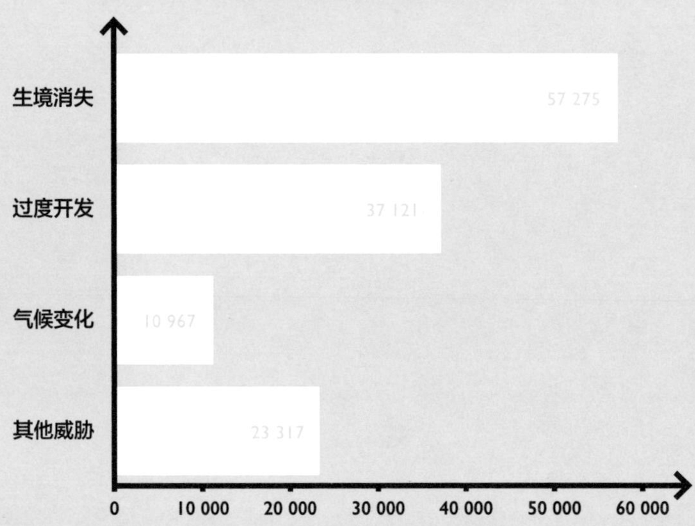

图 __ P3-1　生物多样性面临的主要威胁

第三部分会解释生境消失、物种过度开发和气候变化是如何对世界上的物种构成最大威胁的。其他威胁包括入侵物种、污染和疾病，也带来了相当大的压力并发挥了协同作用。图中数据来自世界自然保护联盟及其合作伙伴所做的保护状况评估。不过，大多数物种面临的威胁尚未得到评估。

一个黑洞正在悄无声息地吞噬我们的生物圈——支持地球上所有生命的一层薄薄的生命圈层，是它让这个星球有别于我们广阔的、无法捉摸的宇宙中所有其他已知的星体。与其说这个黑洞是一种不可逆转的天象，不如说它是我们没有止境的贪婪。人类的消费，尤其是长期以来从系统性的全球不平等中受益的富裕社会的消费，正在将生物圈一片接一片地剥落。就在我们过着正常的生活，保持着不可持续的资源利用水平时，生物多样性正在以人类历史上从未记录过的速度丧失着。一个自称“智慧”的猿类物种——智人，并没有做到名副其实。一头又一头犀牛，一朵又一朵兰花，据预测，目前有 100 万个物种正面临灭绝的风险。我们是如何走到这一可怕境地的？这个境地正在全然减少着我们自己以及我们周围这么多物种的生存机会。原因是多方面的（见图 P3-1），接下来我们逐一讲述。

第 9 章 生境消失

我能记得的最早一次家庭旅行是在 20 世纪 80 年代，目的地是潘塔纳尔——世界上最大的湿地系统，就在亚马孙雨林以南。从家里出发，我们花了两天时间才到达那里。一路上，景观从圣保罗的城市环境逐渐变成了自然的稀树草原与河流、池塘和森林斑块相交织的一幅马赛克作品。我和我的兄弟比赛看谁能发现更多的裸颈鹳：一种头部呈黑色、颈部呈红色、躯干呈白色的优雅大型鹳。每当喊出它的葡萄牙语名字 Tuiuiú 时，我们都会开怀大笑。我数了几百只后就跟不上了，之后在发现了许多其他野生动物之后我就分心了：晒日光浴的凯门鳄，成群结队的水豚（世界上目前已知最大的啮齿类动物），密密麻麻的五彩金刚鹦鹉（见图 9-1）、巨嘴鸟和猛禽，不胜枚举。我后来了解到，潘塔纳尔是一个全球闻名的生物多样性的独特天堂。我对它惊叹不已。

大约 15 年后，当我第一次带着我的未婚妻来到巴西时，我想向她展示祖国的瑰宝。潘塔纳尔自然成了我们的第一站。可是这一次，那些景观不再是我记忆中的模样。我们过了很久才开始从公路上看到野生动物，城市规模扩大了，大面积单一栽培的大豆已经大幅扩张到了稀树草原上。在我写下这些文字的此时此刻，距离我上一次到达那里又过去了 20 年，我确切地知道潘塔纳尔已经面目全非。

不幸的是，潘塔纳尔并非孤例。在南美洲的大部分地区，乃至世界上的其他地方，我们的自然生态系统——森林、湿地、稀树草原、草地、海床、珊瑚礁，都开始大幅退化。无论在陆地还是在海洋，生境消失已经成为世界上生物多样性丧失的主要驱动因素。

几千年来，人类一直在改变我们的星球。不断增加的考古学和古生态学的证据，比如人类的手工制品、花粉和木炭，正在挑战存在"尚无人类涉足的""原始"生境的观点，这些证据表明，至少从 1.2 万年前起，人类的行为对绝大多数生态系统造成了实质性改变。不过，我们的活动从来没有像现在这样剧烈且破坏性如此之大。我们今天看到的生物多样性的快速丧失，主要是由于我们开发自然的方式是高强度的，这跟历史上传统的原住民社群与自然界紧密互动所采取的普遍而更具可持续性的方式存在本质区别。在大多数地区，巨大的变化是最近才开始的，与被称作**大加速**的时期联系在一起。

大加速是一个快速和剧烈变化的时期，始于大约 20 世纪 50 年代。从那时起，几乎所有对人类活动的测量指标——人口增长、温室气体排放、粮食生产、污染、水的使用和许多其他方面都在飙升。[1] 发生在现代的很多土地变化都是为了发展农耕业、畜牧业和种植业，以满足世界人口不断增加的需求。世界人口一直在增长，人均需求也在增加，而且在不同社会之间存在巨大差异。在南美洲，近几十年来，被砍伐的森林有超过 70% 被用来放牛，还有 14% 被用来种植动物饲料和其他商业作物。大豆生长

1. 最近的数据似乎表明，近年来虽然其中几个指标的增速有所减缓，但是可能会由于新冠病毒感染而加快。不过，气候变化在持续加速，某些地区（比如非洲）则继续呈现人口的快速增长趋势。

图__9-1　一只五彩金刚鹦鹉

这是栖息在南美洲潘塔纳尔湿地的众多神奇鸟类中的一种。

迅速，富含蛋白质，在全世界都是低成本生产牛肉、猪肉和家禽的理想饲料。不过，发展农业使用的淡水比任何其他人类活动都要多，仅牲畜所需的淡水就占到农业使用的淡水的近 1/3，而且作物的单一种植需要使用大量的杀虫剂，这对环境的污染远远超过其种植边界。在种植大豆的大片田地里，其他物种几乎无法生存。

在非洲越来越多的地方和东南亚这些热带地区，砍伐森林的主要驱动因素是种植油棕榈。像大豆一样，油棕榈生长迅速、价格便宜，人们对它们的需求量也在急剧增加。现在你在超市里看到的几乎所有产品，包括人造黄油、巧克力、饼干、冰激凌、面条、洗发水、清洁剂、口红等，都可能含有油棕榈（经常被掩饰成“植物油 / 植物脂肪”等）。

在海洋中，海床也发生了类似的急剧变化，在某些地方，由于拖网捕鱼、水下采矿以及其他形式的物理和化学破坏的加剧，海床的动物群已经遭到破坏。这是一种“冷暴力”，没能引起绝大多数人和行政部门的注意，它比砍伐森林或陆地上的其他变化更难得到调查和解决，而后者现在可以被卫星和其他遥感技术设备实时监测。

物种的生境消失会导致生物多样性丧失的原因很容易被理解，那些受限于小片区域或非常特殊的生境的物种受到的影响尤其明显，比如马达加斯加的狐猴（已进化出不同的物种，有时生境局限于单个山谷）和中国的大熊猫（在因人类活动而大量死亡之前，曾分布得更为广泛）。在脊椎动物中，最引人注目的例子是魔鳉。这一蓝色生物的平均长度不到 3 厘米，它的整个**分布范围**是一个 22 米长、3.5 米宽的石灰岩池。在 20 世纪六七十年代，当地农民开始抽取地下水来灌溉农作物，造成山洞中的水位下降，魔鳉的生境进一步变小。2006 年，野外只剩下 38 条魔鳉。虽然此后种群数量有所增加，但它仍然是一个极度濒危的物种。由于其位于美国内华达州南部的周遭景观是死亡谷国家公园的一部分，而且非常热（2018 年我在那里时，气温达到 50℃），实际上没有其他地方可以让该物种自然地生存。

有时，我在远方也能感受到生境消失的影响。当我在 20 世纪 90 年代末第一次来到欧洲生活时，我记得在乡间开车时，特别是在土路上，总会发生这样的情况：大量昆虫会撞上挡风玻璃，以至于我们经常需要打开雨刷。我相信很多到过那里的人都会记得这一点。不过在短短几年内，这种现象几乎完全消失了。我的第一个孩子出生于 2004 年，他从未遇到这种情况。2017 年，研究人员记录了在短短 27 年的时间里，昆虫的生物量（设置陷阱所测得的昆虫总重量）减少了超过 3/4；而在短短 10 年里，物种减少了超过三分之一。出乎意料的是，这些损失都是在现有的保护区内测得的，而设立这些保护区的目的就是保护当地的生物多样性。尽管造成这些损失的确切原因仍然存在争议，但是许多学者认为，这些损失是大片区域的生境恶化造成的，而昆虫和其他生物原本可以在这些区域自由移动。昆虫的急剧减少对那些以它们为食的动物，比如鸟类、蝙蝠和蜻蜓，产生了负面的连锁效应。

与生境消失有关的另一个因素源自第 1 章提到的物种 - 面积关系。我们已经知道，一个地区越大，随着时间的推移，它积累的物种就越多，因为它有更多的机会让新的物种出现（物种形成），并让生活在其他地方的物种到这些生境定殖（植）。不幸的是，相反的情况同样成立：如果你减少一个特定生境的面积，随着时间的推移，它将不可避免地承载更少的物种。因此，今天留下的许多森林碎片，代表着比它大得多的生态系统的残余，可能承担着很高但水平不明的**灭绝债务**，这意味着该地区所承载的物种数量多于它能够长期维持的物种数量。这是一个很活跃的研究领域，有许多问题留待解决，迄今为止所得到的结论都是非常吓人的。我们并不十分清楚这些森林碎片中的物种多久就会灭绝，灭绝通常是由于遗传多样性低、食物数量不足或疾病风险较高。

生境的消失不仅影响到像热带雨林这样被大家熟知的生态系统内的物种多样性，还影响到生态系统本身的多样性。对于长期以来被许多人认为没有价值或者是种植农作物和其他用途的绊脚石的生态系统，比如湿地和草地，生境消失所造成的影响更大。例如，亚洲自 1945 年起已经失去了 2/3 的天然湿地，自 1900 年起则是失去了 84%。

塞德里克 · 索罗丰德诺哈特拉（Cédrique Solofondranohatra）是一位训练有素的马达加斯加科学家，与邱园以及其他合作者一起工作。她的研究表明，马达加斯加许多长期被认为是“人造”的草地实际上自然且古老，这再现了原先对非洲大陆和澳大利亚的错误认识。研究线索来自该岛特有的草种的高度多样性，以及这些草的形态特征和物种群落显示出对火灾和食草动物存在进化适应的明显迹象。这些都不可能在人类出现后的相对较短的时期内进化出来。尽管许多本地食草动物现在已经消失，比如马达加斯加河马、象鸟和大型狐猴，它们都因人类猎杀而灭绝，但是引进的牛（一种名为瘤牛的变种）有助于保持这些地区的开放。这一点很重要，因为早期的殖民者甚至环保主义者都假定雨林应该是该岛大部分内陆地区的主要植被类型，而不是像今天这样仅仅局限于东部和北部沿海地区。他们的假定是基于缺乏天然火状况[1]的欧洲大陆森林而形成的对自然界的偏见。

1. 火状况是对火频率、火强度、发生季节、时间、火烧的时空格局和火烧的深度等的总称。—— 译者注由于马达加斯加长期与国际科学界隔绝，该国民众一直对草地生态系统缺乏认识，加之我们对该国草地生态系统的自然范围和多样性的认识有限，其生存受到了严重威胁，同样受到严重威胁的还有岛上标志性的雨林和所有其他的生态系统。虽然富裕国家的人们通常将马达加斯加特有的生物多样性视为需要“拯救”的对象，但是对于几千万马达加斯加人来说，生态系统的退化和当地生物多样性的丧失主要意味着他们从自然界获得最基本的生存所需（烹饪、取暖和建房用的木材、清洁的水、食物和药物）的能力不断降低。因此，该国的环保工作要想取得成功，就必须解决造成生物多样性丧失的根本问题，包括贫困和粮食不足。除了对生物多样性的直接影响，生境消失还影响到当地和区域的气候，并通过向大气层释放大量的二氧化碳造成全球变暖，影响到我们所有人。我们只有保护马达加斯加尚存的生物多样性，同时恢复退化的生态系统，才有可能为人类和自然界带来积极的结果。

也正是在马达加斯加，我们看到了生物多样性丧失的第二个主要驱动因素——对单个物种过度开发导致的显著影响。

第 10 章
过度开发

如果世界各地的生物多样性生态系统的退化还不够触目惊心（比如砍伐和焚烧亚马孙雨林来养牛和种植大豆），那么杀戮和开发正造成许多动植物物种面临灭绝的危险。例如，对野生动物肉类消费需求的不断增加，直接影响了非洲极其稀有的灵长类动物；在马达加斯加砍伐蔷薇木用于制作家具供富裕国家消费，这导致这些树木处于灭绝的边缘。在海洋中，人类每年捕获的鱼多达 3 万亿条，对物种不可持续的开发成为海洋生物多样性丧失的最大驱动因素。

有时，在极端贫困状态下的家庭为了生存，最直接，或许也是唯一的方案就是猎杀野生动物。我在世界各地进行研究的过程中遇到过许多猎人，他们缺乏其他收入来源，除了猎杀野生动物他们别无选择。不过，越来越多的观光客以杀戮为乐，这是完全没有必要的行为，也没有什么开脱的理由。许多受威胁物种的器官被错误地认为具有壮阳或治疗效果，比如犀牛角和塞舌尔的海椰子。还有一种情况是捕捉野生动物以进行宠物交易，这已经成为一个不断严重的主要威胁。任职于中国科学院西双版纳热带植物园、著述颇丰的科学家胡丽诗（Alice Hughes）与她的同事估计，现在有近 4000 种爬行动物（超过全部已知爬行动物物种的 1/3）被交易。其中 90% 是从野外捕获的，3/4 不受国际法规的监管，包括许多受威胁和分布范围受限的物种。

许多得到开发的物种都有一个大问题：它们由于自然因素或人类行为而变得稀有。兰花就是一个很好的例子。当地人的随意采摘和商业贸易商有针对性的采集，都对兰花的数量和生存造成了很大的负面影响。我读博时去地中海上的克里特岛进行过一次植物学考察。在一次翻越石灰岩山的徒步旅行中，在离主路只有几米远的地方，我偶然发现了一棵 20 厘米高的植物，它开着白色的花。我知道这是一种兰花，却不知道它是哪种兰花。当我请我们的老师、精通希腊植物群的阿尔内 · 斯特里德（Arne Strid）来看时，他立即认出它是 *Cephalanthera cucullata*（见图 10-1），入选世界上最稀有的植物之列。他多年前曾在同一地点看到过这种植物，在那之后，尽管植物学家进行了大量搜索，但是极少记录到该物种的个体。我要是把它挖出来作为纪念品，那我可能已经消灭了整个种群的最后一个个体及其遗传多样性，最终导致该物种的灭绝。

受威胁物种（这些物种在黑市上往往价格高昂）的卖家的一个惯用伎俩，是在所有必要的文件证明中使用另一个物种的名称。有一次，我在多米尼加共和国进行田野考察之前，到一个政府办公室领取研究许可证。在排队等候时，我看到一位警官跟着两名男子。他们正好把一个大纸盒放在我身后的地上。我看到里面有十几只年幼的鹦鹉。它们的毛色纹路确定无疑地表明它们都属于伊斯帕尼奥拉岛上特有的一种濒危物种。这位警官却告诉我，这些人声称它们属于一个分布广泛的常见物种，其交易不受限制。他问我对于其物种归属的看法，虽然我不是鸟类专家，但是我的背包里总是装着一本鸟类指南，所以很容易证实警官的怀疑。

不管是不是有意为之，像多米尼加鹦鹉这样的错误物种鉴定对监管部

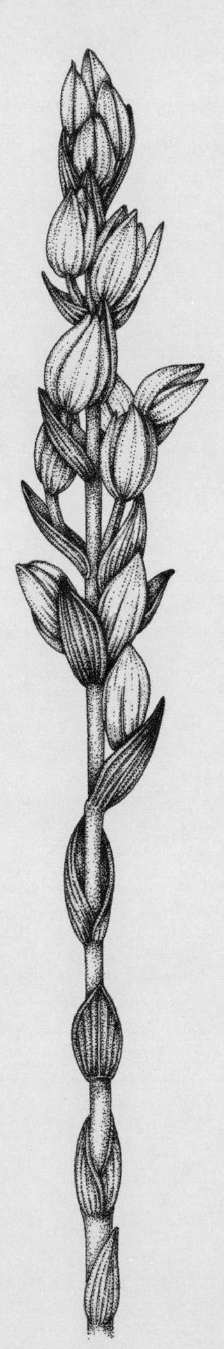

图 _ 10-1　来自希腊克里特岛的稀有兰花

Cephalanthera cucullata

这是记录在案的近万种直接因人类开发（通常与其他因素相结合）而受到威胁的植物之一。

门来说都是一个巨大的挑战。这些部门往往缺乏专业知识或工具来验证贸易中的物种的身份和出处。也许最大的挑战在于木材，那些用于家具、建筑材料、地板、乐器、燃料、纸张和其他关键产品的木头。木材行业有5000多万名从业者，每年带来约6000亿美元的营收。预计到21世纪中叶，对木材的需求会翻两番。这种贸易包括非常时尚的木材，比如蔷薇木和桃花心木。我们如何判断受威胁和不受威胁的物种？我们如何判断出自受威胁物种的木材是可持续栽培的还是在野外采伐的？

为了解决这些既关键又棘手的问题，我在邱园的同事彼得·加松（Peter Gasson）和维克多·德克莱尔（Victor Deklerck）正在与一个网站合作共建一个木材样本库，该样本库的规模在物种和地理来源两方面都居世界前列（见图10-2）。他们正在使用一系列技术来鉴定未知的样本。为了识别物种，他们从木材上取下薄片，用显微镜对其进行观察。在研究了不同类型的木材细胞的整体外观、数量和排列方式，并将切片的结构与样本库中已知物种的参照样本进行对比后，他们可以对未知样本进行匹配。通过使用来自人工智能的强大工具——图像识别算法，匹配过程正在得到提速和优化。其他正在探索的可能方法包括，将未知木材样本的化学特征与参照特征进行比较，以及对未知样本进行DNA测序，再与已发表的参照序列进行比较。例如，我的另一位同事威廉·贝克（William Baker）一直在运用DNA测序来帮助宜家公司鉴定家具中使用的藤材所属的物种，作为确保它们出自可持续来源的第一步。藤是对数百种攀援棕榈的统称，在东南亚地区尤其多样。与大多数木材物种不同，藤材仍主要来自野外采伐，而不是栽培，因此不使用受威胁的物种对其至关重要。

我们确定了木材所属的物种后，通常还会想知道它产自哪里。为此，我们需要检测样本的化学特征。幸运的是，受降雨量、温度、地形和当地地质等因素的影响，木材中不同同位素（同一化学元素的变体）的分布情况取决于树木的生长地点。虽然我们在有一套更完整的参照样本之前，并不总是能够找到样本的确切出处或身份，但是在大多数情况下，结果足以验证卖家文件中的说法。这种技术让监管部门能在边境查获越来越多的非法货物。通过切断供应链，我们希望首先能减少非法开发的需求。令人忧心的是，迄今为止所做的工作表明，所有国际交易的木材中约有 40% 可能是非法的。这是世界上据估计 7.3 万个树种中有 1/3 正受到灭绝的威胁的一个关键原因。

除了物种多样性的明显丧失，过度开发也导致了遗传和功能多样性的重大丧失。这是因为我们经常以对我们最有价值的个体为目标，而不是以自然界中的“随机”个体为目标。战利品狩猎是一个经典的例子，人类可能因此抵消了由达尔文最早描述的“自然”选择所带来的进化。我们通过杀死给人留下印象最深的动物，比如鹿群中长着奇大无比的犄角的个体，不断减少这些遗传上突出的个体的繁殖机会，留下的大多是普通的个体和一个变小的基因库。

不同地区和时期有着不同的狩猎水平，这常常与殖民历史和全球贸易挂钩，导致一些物种失去了整个种群及其所包含的内在多样性。1533 年，一艘葡萄牙的船在非洲南部海岸失踪。将近 500 年后，这艘船在一个采矿项目中被打捞上来，其状况之好令人惊叹。船上不仅有大量的金币和银币，还有一百多枚象牙，这是迄今为止发现的最大的一宗非洲象牙货物。当研究人员分析这些象牙的 DNA 和稳定同位素时，他们发现这些象牙属于西非的森林象，其中许多属于不复存在的种群。该地区曾是大量象牙和奴隶

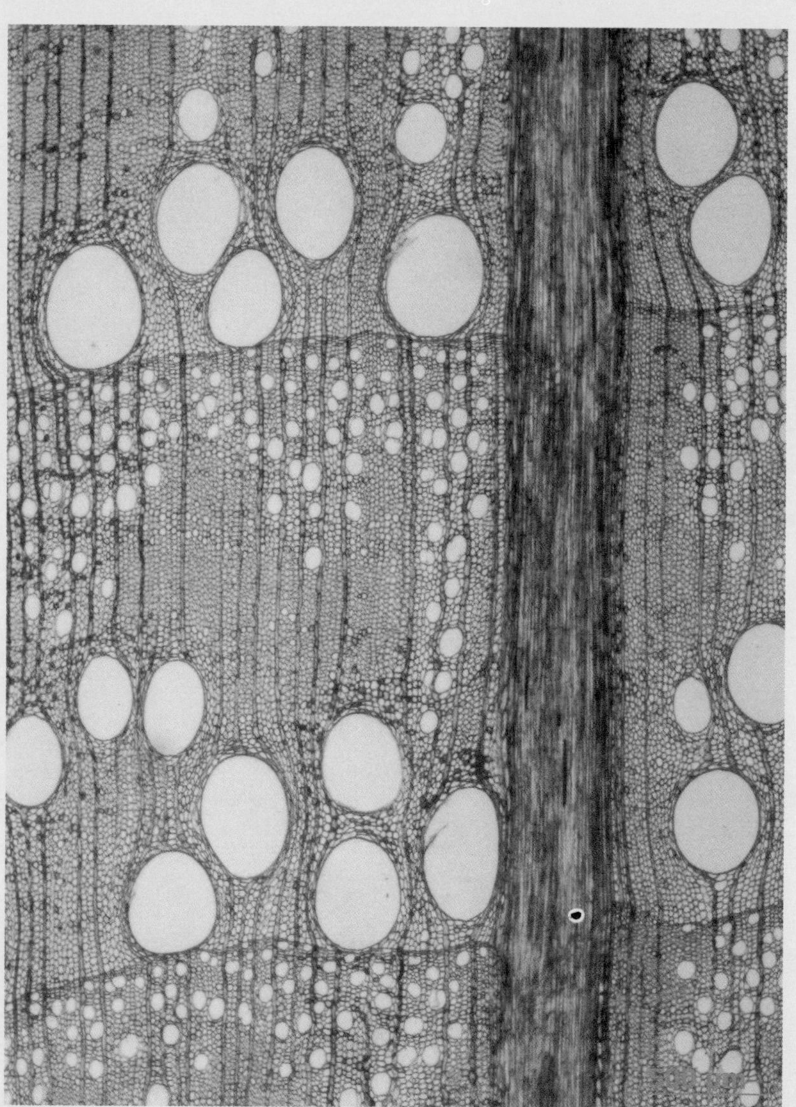

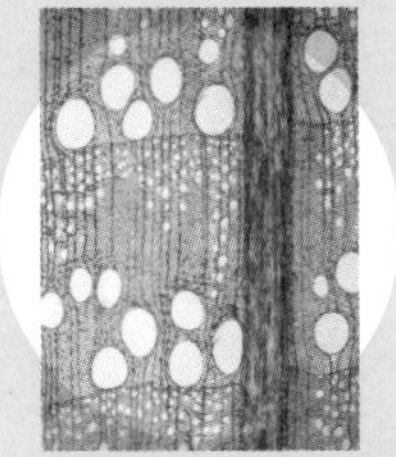

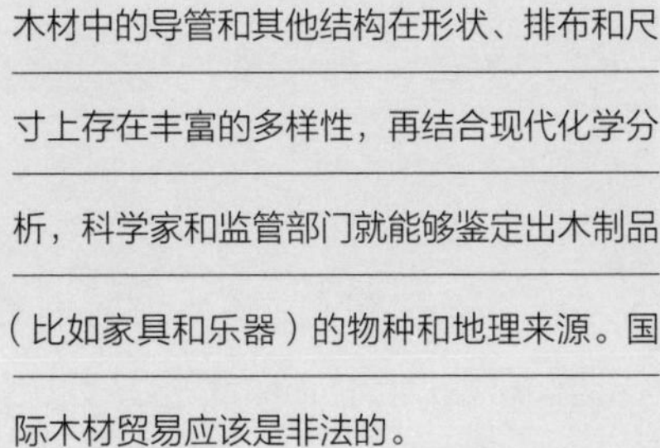

图 __ 10-2　一个木材样本（此处是普通橡木）的横截面

木材中的导管和其他结构在形状、排布和尺寸上存在丰富的多样性，再结合现代化学分析，科学家和监管部门就能够鉴定出木制品（比如家具和乐器）的物种和地理来源。国际木材贸易应该是非法的。

贸易的中心，而在更近的时期，象群要与迅速增长的人口竞争，其生境因农业规模的扩大、自然资源的开发和国内动乱而遭到侵蚀，最终他们的种群消失了。由于大象在生态系统中发挥着巨大作用（我在第 7 章中提过，它们可以开辟森林，让更多的阳光到达地面），这些种群的消失意味着该地区这些重要功能的丧失，以及非洲象整体的遗传多样性的大幅减少。

人类活动导致的功能多样性的丧失在孤岛上可能表现得最为明显。每当人类到达一个新的岛屿时，他们往往会遇到许多毫无抵抗力的动物物种，它们以前从未见过捕食者。当荷兰殖民者于 1638 年首次登陆毛里求斯岛时，岛上布满了巨龟。然而，这些巨龟很快就被荷兰人大量宰杀，成为人类和他们养的猪的食物来源，并被用做脂肪和油的来源。到 1700 年时，这个物种可能已经在岛上灭绝。类似地，由于大多数岛屿天然缺乏大型捕食者，而飞行是一种消耗能量的活动，因此许多岛屿上的鸟类随着时间的推移都丧失了飞行的能力，这使得它们很容易被捕获。在西班牙研究人员费兰 · 萨约尔（Ferran Sayol）主持的一项研究中，我们估计在过去数千年里至少有 581 种鸟类灭绝，其中很大一部分的生存空间仅限于岛屿。虽然在这些岛屿殖民的人类祖先倾向于忽视像雀形目等小型且移动迅速的物种，但是他们赶尽杀绝了大型肥硕的物种，包括新西兰的几种大型恐鸟和马达加斯加的象鸟。有史以来最重的鸽子——毛里求斯标志性的渡渡鸟，据说人吃着口感不佳而躲过一劫，却没能幸免于人们带到岛上的猫、老鼠和猪的侵扰。

对某些情况下的某些物种来说，比如斯堪的纳维亚半岛北部的北极狐或者珊瑚礁中的鲨鱼，人类并没有设法杀死它们的所有个体，却只留下了非常少的个体，它们因此对另一个主要威胁——世界上不断变暖而且不稳定的气候特别敏感。

第 11 章 气候变化

气候变化是我们社会面临的最大挑战之一。它影响到全球的粮食生产、水资源供应和健康人类，并可能导致海平面上升，随着时间的推移，这会让生活在沿海地区的数亿人被迫流离失所。不过，对于生物多样性，气候变化只是第三大威胁，位于生境消失和对物种的过度开发之后。这并不是说气候变化不重要，它很重要。现在，大量的自然生态系统已经遭到破坏，物种的数量已经大大减少，气候变化可能会在未来几十年里对剩下的物种构成越来越大的威胁。

许多人把气候变化等同于世界各地的温度随着时间推移而稳步上升。这的确是最值得注意的气候变化之一，回想一下，你儿时的寒暑可能与现在的寒暑截然不同。然而，它的影响不止于此。气候变化还涉及我们能在世界各地看到的降雨量的明显差异，像澳大利亚和地中海等地区变得越来越干燥，而其他地区，特别是赤道附近，则变得越来越湿润。如果说人们之前对造成这些变化的根本原因还存在些许怀疑，那么现在疑云已经散尽：无可争辩，就是我们排放了二氧化碳、甲烷和一氧化二氮等温室气体。这些气体是由各种人类活动产生的，特别是电力热力生产业、农林业、运输业和制造业。

大多数物种的气候耐受性很差，只在一个很小的温度范围内生长得很好。我们也不例外。研究表明，在办公室里，理想的环境温度差不多是 22℃。增加几摄氏度，我们进行复杂决策的能力就会下降；降低几摄氏度，我们的生产力就会下降。虽然这些计算是刻板地以体重 70 千克的男性为基准的（女性通常偏好高几摄氏度），但是它们适用于来自世界各地的人们。因此，几千年来，人们一直生活在地球全部气候范围的一个小子集里这一点也就不足为奇了。虽然我们居住的区域的年平均温度大多在 8℃~28℃，但是人们一直偏爱 13℃左右的地方，这正是如今北京、米兰、惠灵顿和纽约的年平均温度。虽然很难建立因果关系，毕竟其他因素也可能参与其中，比如农业的潜力和避免热带疾病，但是它仍然明显反映了我们与气候有着多么密切的联系。

随着气候的变化，不能在新条件下生存的物种有两个选择，要么适应新条件，要么移动到环境更宜居的新地方。如果不这样做，这些物种就会灭绝。一些物种和物种内的种群确实显示出快速适应的迹象，并且从更温暖的气候中受益，比如我的巴西同行费尔南达 · 韦尔内克（Fernanda Werneck）在位于马瑙斯的巴西国立亚马孙研究所研究的一些蜥蜴。不幸的是，大多数物种，包括人类，在生物性适应方面都糟糕透顶。我的很多研究就是为了了解物种如何应对历史上的全球温度升高的情况，在所有这些研究中，适应所需的时间比我们现在所剩的时间要长得多。事实上，根据估计，物种可能需要以比过去快 1 万倍的速度来适应不断变化的新环境，这是不可能做到的，至少对许多物种来说是不可能的（至于到底有多少物种，有待科学讨论）。

因此，受到气候变化威胁的物种的主要生存希望是移动到其他地方。在过去，从甲地移动到乙地并不像现在这样大费周章。如今，我们已经把地球上的大多数生态系统搞得支离破碎，为自由移动增加了新障碍，比如城市、公路和耕地。在一些国家，在大路上架设森林桥梁有助于为动物移动提供安全通道，环保主义者会人工帮助一些标志性物种（主要是哺乳动物和两栖动物）到达新地区。然而，大多数物种并没有得到这些奢侈的服务。

世界上的山地提供了一丝希望。由于在崎岖不平的景观上种植作物或采收木材存在困难，人类长期以来都忽视了山地。与平坦易耕的地区相比，世界各地的山地已经得到了不成比例的保护。这是一个好消息，理由有二。第一，山地天然拥有很高的生物多样性。虽然它们只占全球陆地面积的 1/8，但是它们集许多不同的生境于一身，因此它们成为 1/3 陆地物种的家园；第二，生活在山地的物种只需要移动比较短的距离，比如往上坡爬一点，就能找到它们最适宜的温度，而生活在较平坦地区的物种可能需要移动上百千米（通常背离赤道）来寻找有它们所习惯的气候的地方。在安第斯山脉，自 210 多年前洪堡到访以来，有数十种植物已经往上坡移动了数百米，以追随其最适气候和植被带。

坏消息是，并非所有物种都能随着温度上升而迅速往上坡移动，即使它们能做到，也总有一个终极限制：山顶。虽然科学证据有限“往往是因为缺乏可靠的历史记录”但是似乎许多山地物种的爬坡进度都是滞后的。让情况变得更加复杂的是，许多与其他物种表现出强烈的生态相互作用的物种，比如植物与其特化的传粉者，需要一起移动。因此，虽然山地为目前在低海拔地区的物种提供了未来的庇护所，但是关键在于沿着海拔梯度的升高保护好廊道，以增加物种长期生存和自由移动的可能性。这在许多地区行得通，不过不是所有地区，比如澳大利亚，其地形主要是平地，山峰的海拔最高只有 2228 米。连接着低地自然生境的生物廊道可以允许物种交换基因并保持适当的种群规模，因此在保证物种的长期生存方面，它们与山地的生物廊道同等重要，但是它们可能无法像后者那样提供针对气候变化的同等缓冲。

已经生活在气候极端地区的极地物种是最脆弱的，因为当它们的生境消失时，它们往往没有其他地方可去。北极熊、北极狐、海象、一角鲸，以及陆地上和海洋中的其他许多动物都与冰雪有着密切的关系。21 世纪最初几年在斯堪的纳维亚半岛北部山区进行田野考察时，我帮同事乌尔夫 · 莫劳（Ulf Molau）和其他人捕捉旅鼠 —— 一种超级可爱的小型啮齿类动物，在某些年份会大量出现 —— 以评估气候变化可能对它们的体重和幼崽数量造成何种影响。即便在那时，我们也已经看到它们的生存环境出现了重大变化。越来越暖和的冬天带来了更多的雨水和融化的雪，它们会很快结成了坚硬的冰层，旅鼠无法冲破冰层就饿死了。即使是体型大得多的驯鹿在那里也面临着类似的问题，它们无法吃到冰层下面生长的地衣，而地衣是它们过冬的主要食物。

有些生态系统对气候变化特别敏感，珊瑚礁（见图 11-1）就是最极端和最具警示性的例子之一。由于对水温变化很敏感，它们前途未卜。随着水温的升高，珊瑚会驱逐与其共生的藻类。这会让珊瑚暴露出其裸露的碳酸盐表面而变得完全发白 —— “白化”。由于藻类对珊瑚的生存至关重要，随着时间的推移，如果这种水温条件持续，最终珊瑚和藻类都会死亡。

我们很容易认为区区 0.5℃不会带来任何显著的变化，事实却大相径庭。如果全球变暖在整个 21 世纪最多升高 1.5℃的幅度内 —— 这是《巴黎协定》设定的目标之一，那么预计全世界所有浅水珊瑚礁中只有

图 _ 11-1　一个健康的珊瑚礁

这些具有生物多样性的迷人生态系统由相互紧密联系的物种组成。珊瑚礁已经存在上亿年，人类活动造成的气候变化现在对它们的生存构成了严重威胁，除非采取严厉的措施，否则预计会全面崩溃。

10%~30% 能够存活。这是一个极其糟糕的前景，不幸的是，这已经是设想中的最佳状况。如果温度上升幅度达到 2℃ —— 基于当前趋势的大多数预测所指向的最低值，预计只有不到 1% 的珊瑚礁能够存活。这是一个令人难以置信的可怕未来，须知，这些生态系统所拥有的极端多样性经过了数亿年的进化，如今作为渔业、旅游业、海岸保护、医药业等行业的资源，正为全世界超过 5 亿人提供着多种惠益。

还有一个与二氧化碳排放有关的威胁：**海洋酸化**。在人类活动每年释放的 400 亿吨二氧化碳中，至少有 1/4 被海洋吸收。这同从大气中吸收热量一样，都是海洋为我们提供的令人惊叹却未受重视的“服务”，这些“服务”有助于缓和我们对地球造成的巨大破坏。然而，这样做需要付出高昂的代价，因为这些碳都会导致海洋的酸度明显增加。1850 年以来，全球海洋的平均酸度增加了约 30%，到 21 世纪末，这一数据可能会达到现在的 3 倍。正如我的法国同事萨姆 · 杜邦（Sam Dupont）和其他研究人员所展示的，现在有各种各样的物种，包括那些拥有含碳酸钙的骨骼或外壳因而对酸度很敏感的物种，比如海星、蛇尾、贻贝、牡蛎和海胆。保持体内酸度在适当的水平对海洋生物来说是至关重要的，而海洋酸化意味着它们必须消耗额外的能量来维持这一水平，这限制了它们的生长，削弱了它们的身体，有时甚至造成了它们的死亡。海洋酸化不仅会减少海洋中不计其数的物种的数量，而且会对海洋中复杂的食物网产生重要的连锁效应。

有时，气候变化对物种的影响产生得很快而且十分明显。一个典型的例子是研究全球变暖对物种的**物候学**的改变，即季节性事件的时程，比如植物何时开花、结果和落叶，某些鸟类何时迁徙，青蛙和蟾蜍何时在水中产卵，鱼类何时产卵，以及自然界循环往复的许多其他现象。在少数情况下，物候学与气候无关：燕麦、水稻和大豆就是这种情况，它们的开花时间由响应昼夜平衡的光感受器控制。对大多数物种来说，其物候学在很大程度上受到气候的调节。关于某些物候学观察是否“正常”的历史记录是非常宝贵的。这促使日本研究人员青野靖之检索了由皇室、权臣和僧侣记述的文件，其中详细记录了一年一度的文化盛事 —— 樱花在京都开花的时间。青野靖之的数据上溯至 812 年的开花时间，显示 2021 年迎来了有史以来最早的开花高峰日，即 3 月 26 日。比平常年份更早开始开花的植物可能会错过它们的传粉者，比如昆虫，后者可能还处在幼虫期或蛹期。当这些昆虫最终成形时，它们喜欢的花朵已经凋谢，它们可能因此得不到足够的食物，最终死亡。诸如此类的不同步还可能导致植物的种子无法散播，或者动物在当季过早产卵，更容易受到低温或干旱的影响。

气候持续变暖已然是一个挑战，而极端天气事件是另一个更严峻的挑战。一夜之间，极端天气事件可以摧毁整个生态系统。在世界各地，我们看到热浪、干旱、火灾、洪水及龙卷风的频率和强度都在增加。澳大利亚是一个引人注目的例子，让这种情况不断在我们眼前发生。2016 年和 2017 年，热浪导致了大堡礁白化，杀死了大约一半的珊瑚。2019 年，全澳大利亚有超过 10.6 万平方千米的土地受到灌丛大火的影响。据澳大利亚科学家克里斯 · 迪克曼（Chris Dickman）及其同事的估计，有 25 亿只爬行动物和 1.43 亿只哺乳动物在这次大火中丧生。虽然澳大利亚的许多陆地生物区系，比如桉树，是在有规律的火状况下进化的，但是 2019 年的极端温度既加剧了火灾，又使大火殃及了以前从未被烧毁的地区。在邱园，我们储存了近 9000 种澳大利亚植物的种子，因此我们能够给我们的合作伙伴提供一些用于灾后恢复的材料，不过这是一项长期且艰巨的工作，而且只是杯水车薪，无法完全复原在这场悲剧性事件中丧失的生物多样性。

生物多样性的丧失和气候变化是相互交织的全球性挑战。当生态系统退化时，碳被释放出来，降雨模式被打乱；随着气候的变化，物种的多样性和分布以及生态系统的健康也会发生变化。打破这种恶性循环需要同时解决这两个危机。我们必须尽一切努力减缓甚至阻止气候变化，同时也要找到方法让我们人类和自然界更迅速地适应这些由我们启动的不可逆转的变化。如果说生境消失、过度开发和气候变化对生物多样性的破坏还不够严重，那么它们往往还伴随着其他威胁（有时甚至被后者放大），我接下来就逐一介绍。

第 12 章 其他威胁

入侵物种

造成生物多样性丧失的还有其他一些因素，它们对我们隐蔽的宇宙造成重大影响。其中之一是**入侵物种**的威胁，比如几年前我在世界最南端的有人居住的岛屿 —— 有着令人难以置信的自然美景的智利纳瓦里诺岛，帮助当地的环保主义者猎杀了入侵的北美河狸。北美河狸于 1946 年被引入，人们开启了此地的毛皮贸易，同时北美河狸在火地岛周围的岛屿中迅速扩散。作为**生态系统工程师**，或者说对其所处环境造成重大改变的物种，北美河狸将大片封闭的假山毛榉林转变成了以草和灌木为主的草甸，它们还会垒坝和挖洞，改变水流走向和养分循环（见图 12-1）。

坝后缓慢流动的水吸引了另外两种入侵物种 —— 水貂和麝鼠，尤其水貂还以本地鹅、小型啮齿类动物和其他本地野生动物为食。这造成了研究人员所描述的“入侵塌陷过程”：一个入侵物种放大了其他物种的影响，引起了巨大的环境效应 —— 岛上原本物种丰富的自然生境退化，若干本地物种的种群数量减少，以及养分循环、水流和土壤的破坏性变化。这就是为什么我的环保主义同伴们不得不采取激烈的措施，比如杀死可爱的北美河狸，他们在试图恢复当地的生物多样性和生态系统。

图＿12-1　河狸在世界最南端的有人居住的岛屿纳瓦里诺岛劳作

这种来自北美的外来物种的引入，正在让脆弱的自然生态系统严重恶化。

入侵物种的影响可以发生得非常迅速。我和妻子是在洪都拉斯的一所潜水学校认识的，1999 年我们搬到瑞典后（在我父亲去世后不久），我们夏天最大的爱好之一就是在瑞典备受赞誉的西海岸浮潜。我很快就熟悉了当地的物种，喜欢探索浅水生态系统的多样性。不过在 2007 年的夏天，一切都改变了。突然间，覆盖在该地区许多小岛的岩石表面上的生物，由过去多样化的藻类、甲壳类和软体动物群落，变成了我从未见过的大型牡蛎。我拍下照片，很快发现它们是日本牡蛎，原产于亚洲太平洋沿岸，它作为一种食品被引入世界许多地方。问题在于，它是一个特别具有攻击性的物种，会战胜本地动物群，比如紫贻贝，并且只给其他动物留下极少的空间。该物种究竟是如何来到瑞典的，仍然是一个谜。它可能是通过水流从养殖它的欧洲其他地区来到这里的，或者像海洋生物入侵一样，是通过船只的压舱水来到这里的。有趣的是，瑞典人在 20 世纪 70 年代试图在同一地区养殖它，不过当时较低的水温使得该物种无法繁殖。这显示了气候变化如何促进越来越多的入侵物种扩散到世界各地，并揭示了生物多样性丧失的不同驱动因素是如何相互作用的。

多种形式的污染

同样是在海洋中，我们还看到了人类活动对陆地造成的重大影响以及对物种的另一个主要危害：污染，包括垃圾和化学品的污染。在类型众多的垃圾中，很少有垃圾能在影响的持久性和破坏性上与塑料（海洋中最常见的碎片形式）“媲美”。首个合成塑料是在 1907 年问世的，不过直到第二次世界大战结束，它才真正开始大规模生产。平均而言，每人每年生产的塑料重达 50 千克，其中 99% 是由石油和天然气制成的。

包装材料约占生产的塑料的一半，是常见的垃圾之一。塑料袋、瓶子、瓶盖和食品包装纸最终进入溪流和河流，到达世界各地的海洋，有时会被海龟、鲸鱼和其他动物误食。据估计，到 2050 年，99% 的海鸟会摄入塑料垃圾，其中许多海鸟最终会因此死亡。目前，所有塑料中只有不到 10% 被回收，这意味着被生产出来的大部分塑料都没有得到重复利用；一些塑料仍然被用于我们的**技术圈**——这个世界中由人类建造的部分，包括人类制造的所有技术产物，比如机器、公路、铁路和建筑。其余大部分塑料都被留在垃圾填埋场或更广泛的环境中，需要数百年的时间才能降解。

在环境中，塑料会分解成越来越小的碎片（**微塑料**和纳米塑料），在水中被许多不同种类的浮游生物吸收，并通过食物链逐步上移到虾、鱼、鸟体内，然后是海豹、熊和人类等哺乳动物体内。在体内，它们会损害细胞，并能诱发炎症和免疫反应，至于它们会对我们和其他物种产生什么其他负面的、潜在的实质性影响，我们现在尚知之甚少。

化学品污染会对野生动物造成同等的损害。这些化学品包括迄今为止生产的超过 35 万种人造化学品及其混合物，再加上每小时新合成的约 40 种化学品，其中许多将在市场上流通并进入环境中。不同化学品的生产和使用有着很大的不同，而且它们无处不在：从亚马孙雨林的金矿开采过程中泄漏的有毒的汞，到煤炭燃烧时释放于空气中造成酸雨的二氧化硫，再到作为汽车和飞机等机动交通工具副产品的氮氧化物。在水生环境中，农业使用的肥料中含有的氮磷等元素，其养分的流失促进了蓝细菌的繁殖，蓝细菌对许多动物有毒，通过阻挡阳光抑制了许多水生植物的生长，并在海洋和湖泊底部形成无氧死区。同时，避孕药所含的合成激素被冲进马桶，最终流入湖泊和海洋，扰乱了鱼类物种的繁殖，造成雄性动物雌性化，并影响雌性动物的卵子发育。毫无疑问的是，污染与直接开发和生境消失合在一起，已经造成淡水鱼类的全球性危机，其中每三个物种就有一个面临灭绝，仅仅在过去 50 年里，那些得到详细研究的大型物种的种群规模平均缩减了 94%。

在陆地上，化学品对生物多样性的负面影响至少与海洋中的不相上下。合成分子双对氯苯基三氯乙烷（DDT）能够高效杀灭昆虫，这一发现让瑞士化学家保罗 · 穆勒在 1948 年获得了诺贝尔奖，使 DDT 在第二次世界大战之后的几十年里被广泛用于农业。然而，最终人们发现，DDT（以及结构与之非常相似的分子 DDE 和 DDD）会在动物，特别是猛禽、水禽和鸣禽的身体组织中积累。这些化学品导致它们的蛋壳变薄、易裂，造成许多物种的个体数量大量减少，比如秃鹰和游隼。

另一类在动物身体组织中积累的有害化学品是多氯联苯（PCBs），这种化学品与 DDT 同时得到广泛使用。PCBs 在油墨、黏合剂、阻燃剂、油漆和机器的冷却剂等产品中被大量应用。它们对健康的影响让人读着皱眉：它们与癌症、生育能力下降、激素紊乱、疼痛、肺部损伤、免疫系统缺陷等健康问题存在关联。由于它们寿命非常长，尽管大多数国家已经禁用了几十年，仍有数十万吨 PCBs 残留在环境中。

一个经常被忽视却日益严峻且现在无处不在的污染形式是人造光。它们不仅影响我们的睡眠，扰乱我们的认知功能和昼夜激素周期，而且改变了我们周围的野生动物的行为。数亿年来，物种在白天与黑夜、光明与黑暗的不断转换中进化。这些昼夜变化留下了许多生理印记，比如在哺乳动物（包括人类）的单个组织中编程的生物钟。今天，世界上将近 1/4 的陆地表面在夜间会受到人造光的影响，既包括直接影响也包括天空辉光[1]带来的间接影响。人造光导致迁徙中的鸟类和海龟迷失方向，扰乱了蟋蟀、飞蛾和蝙蝠的行为。在德国，根据估计，人造光在整个夏天可能会杀死超过 600 亿只昆虫，这些昆虫要么直接飞向电灯而死，要么围着电灯盘旋数小时后坠落。光污染、生境消失、杀虫剂、入侵物种，以及气候变化都被认为是近几十年来全世界昆虫数量和多样性大幅下降的原因，野生和栽培植物的传粉也随之大幅下降。

还有一种污染形式甚至比人造光更少得到承认，那就是噪声。海洋中的噪声污染尤为严重，因为声音在水中传播的距离最远。大量的生命形态，从软体动物和甲壳类，到鱼类、海豚、海豹、海龟和鲸鱼，都以声音作为感官线索来探索海洋环境，并与其他物种和同类进行互动。对捕捉和理解声音的适应始于大约 5 亿年前的水母，此后在其他物种中逐渐发展。野生动物对过去数十年来世界“声音景观”的巨大变化毫无准备。今天，船舶、低空飞行的飞机、建筑工程、地震调查、军事活动、水下打桩并开采石油和天然气产生的各种噪声，其中有些噪声能够传播数千千米，正在对动物行为造成大规模的影响，扰乱了动物移动、觅食、社交、沟通、休息和应对捕食者的能力，增加了它们的死亡率，还降低了它们的繁殖成功率。

新出现的疾病

所有物种都对某些形态的细菌、病毒、真菌和其他病原体具有适应性。

1. 天空辉光在这里是指城市中的人造光被大气散射、反射、辐射到夜空所形成的辉光。除了人造光，星光、月光等自然光也能形成天空辉光。——译者注比如植物的厚细胞壁和动物的皮肤，可以阻挡疾病的侵入，免疫系统也可以防止感染。不过有时，引起某种疾病的物种可以发展出新的攻击方式，或者影响以前没有接触过它们的物种。已知病毒的新变种是由其 DNA 的随机突变产生的，可能会比原来的病毒更具传染性或更危险。

据估计，仅蝙蝠就可能携带约 5000 种不同的冠状病毒，而鸟类和哺乳动物可能携带 160 多万种未知病毒，其中一半有可能交叉感染给人类。在正常情况下，这些病毒通常不会对我们构成威胁。不过，由于我们正在破坏生态系统的平衡，病毒也就有了新的传播机会。例如，随着科特迪瓦的森林遭到砍伐，狐蝠——一种已知的病毒（比如埃博拉病毒）储存库，被迫转移到城市的行道树上，并在树上排泄大量的粪便。蝙蝠或其他野生动物身上的新病毒可能导致的人类死亡率比新冠病毒感染高出几个数量级，这绝非危言耸听。对环境的破坏不仅威胁生态系统中的野生生物多样性，而且会导致意外的后果，让我们与疾病走得更近。

人类主要关注的是病毒和细菌，而另一类生物——真菌对其他物种的威胁可能更为突出。在野生动物中，研究得最充分且最具破坏性的一种疾病是由一种名为蛙壶菌的微小真菌引起的。分子研究已经追踪到它起源于朝鲜半岛，两栖动物商业贸易的全球扩张，使得它从那里扩散开来。[1] 一旦被这种真菌感染，青蛙和蟾蜍的皮肤就会受到损害，它们体内的盐分平衡会被打破，最终心脏衰竭并死亡。自 1998 年被发现以来，在短短 20 年的时间里，这种真菌导致了超过 500 个物种的个体数量减少，其中有 90 个物种据推测已经灭绝，包括原产于澳大利亚东部昆士兰的两种胃育蛙。这些

1. 生物学家对蛙壶菌的来源问题一直争论不休，其发源地可能在非洲、北美、南美或东亚。——编者注

非凡的生物是独一无二的，它们是仅有的两个已知的由母亲在其胃里孵化后代的蛙类物种，它们一直在母亲的胃里直至长到能够照顾自己的完全发育阶段。人类想扩大两栖动物的贸易，结果却无意中扼杀了两栖动物中最珍贵的两个物种，我们不太可能再看到它们的稀有特性了。

在植物中，另一种远缘真菌与标志性的美洲栗在其自然分布范围内的迅速消失有关。美洲栗曾是北美东部数量较多的森林树木之一，而由一种寄生真菌引起的栗疫病，在从 1904 年首次发现到 20 世纪中叶杀死了三四十亿棵美洲栗。与影响两栖动物的真菌一样，这种疾病的起源可以追溯到东亚，通过从东亚进口的亚洲栗树传到北美洲。[1]

总结一下，对生物多样性的主要威胁包括人类对自然生境的侵占和破坏，对非法捕获的动植物不可持续的消费和国际贸易，气候变暖与极端且不可预测的天气事件，原本不相干而且通常已经遭到严重破坏的物种之间的相遇机会增加，多种形式的污染以及新的疾病。结果则是，这些事件正在相互作用，大大增加了包括我们在内的大量物种的灭绝风险。而这里列出的甚至还不是一份完整的清单。

虽然保护世界生物多样性免受如此多的危害，看起来是一项庞大而复杂的任务，但是它仍然是可能的，而且考虑到生物多样性对我们和地球的无尽惠益，保护它也是值得的。因此，我们别无选择，只能尽最大努力去拯救它，让地球上这个隐蔽的宇宙保持活力。下一部分我们来谈如何拯救它。

1. 后来，美国农业部派驻中国的“植物猎人”弗兰克 · 迈耶从中国带去了板栗树菌，此种板栗树对疫病有很强的抗病性，从而拯救了美国的栗子产业。—— 编者注

第四部分

拯救
生物多样性

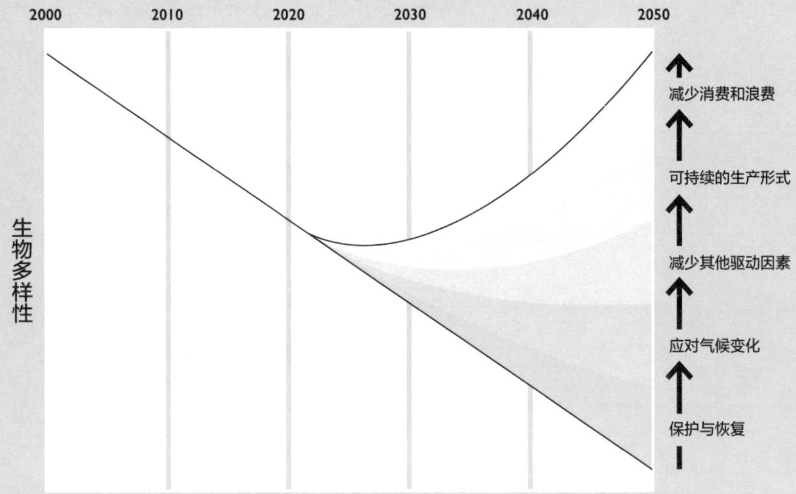

图 _ P4-1　扭转生物多样性丧失的曲线

这幅由《生物多样性公约》秘书处制作的图表列出了对保护和恢复自然最有影响力的一些行动，我在接下来的章节及全书中对这些行动做了更具体的讨论。它们分为五大类：（1）保护目前剩余的，恢复被我们削弱的；（2）通过减少排放和增加大气中的碳固存来应对气候变化；（3）通过对污染、入侵物种和过度开发采取行动来减少其他驱动因素；（4）创造更可持续的商品和服务的生产形式，特别是食品；（5）减少我们所有人的消费和浪费。

6600 万年前，一颗小行星坠落在地球上，杀死了陆地上和海洋中全部物种的 3/4。这颗小行星无法被阻止。然而，今天正在向我们的世界直接撞来的“隐喻性”小行星所造成的悲剧仍然是可以避免的，原因很简单，因为这一次，新的小行星就是我们。虽然这项任务既不轻松，也不容易，但是我们别无选择。正如数千名物理学家通过位于日内瓦的欧洲核子研究组织（CERN）的强子对撞机，来联手理解构成我们宇宙的基本粒子（包括暗物质）一样，今天数千名科学家和专业人士也在夜以继日地工作，以寻找生物多样性危机的解决方案。因此，我们需要做的事情已经被清晰地勾勒出了轮廓，尤为重要的是，要以与我们所面临的挑战相称的规模来实施这些解决方案。显然，我们只有从根本上转变我们的生活方式以及与自然的互动方式，才能够拯救生物多样性。为实现这一目标，我们需要加倍齐心协力（见图 P4-1），社会各阶层也需要参与，所以我们都要加入这场变革，共同努力——甚至还包括我们的宠物。

第 13 章
大规模解决方案

几年前，我的女儿玛丽亚下载了一个移动应用程序，该程序承诺每次她花几小时做作业就会种一棵树。她很清楚环境危机的存在，因此，她很自豪足不出户就能为恢复森林做出切实的贡献。她的举动让我想知道这个应用程序到底会怎么执行：种的是什么树，种在哪里，由谁来种，还有它们是否会存活并带来预期的惠益？同时，我清楚地知道，世界各地的公司、政府、非政府组织和有钱人正在做出越来越多雄心勃勃的承诺，他们好似在互相竞标："我们将种植 100 万棵树！""我们将种植 10 亿棵树！""我们将种植 1 万亿棵树！"

我开始担心了。根据经验，我很清楚，与天然林相比，人工林什么都不是：二者并不是等量齐观的。瑞典林业产业界声称"瑞典从来没有过像今天这么多的森林"，是在故意误导公众。事实上，他们所说的是云杉和松树的单一种植，其生物多样性不会大过热带地区大豆的单一种植。相反，天然林是复杂的生态系统，为地上和地下的大量不同物种提供生境——从土壤中的蠕虫、其他无脊椎动物和真菌，到苔藓、地衣、鸟类、哺乳动物和树冠上不同层次的许多其他生命形态（见图 13-1）。这样的森林正变得越来越少，而新的人工林却遍地开花。

更糟糕的是，在我多次前往热带地区旅行的过程中，我看到种着外来

图＿13-1　一种常见的欧洲橡树——夏橡（*Quercus robur*）

这种树可以存活上百年，维持大约 1000 种不同物种的生存，包括地衣、苔藓、昆虫、鸟类、哺乳动物和其他生物。

树木的人工林，比如非洲的澳大利亚桉树林和巴西的北美松树林，似乎弊大于利，尽管种树者声称（并认为）这些人工林有助于应对气候变化。虽然这些树木很容易种植（在有些情况下，甚至可以通过无人机播撒种子），它们生长迅速，其木材具有较高的商业价值，但是它们也从流域中吸走了大量的水，导致农民和他们的作物的可用水减少；它们经常成为入侵物种，不受控制地扩散到天然林中，并战胜本地物种；它们的生物多样性水平很低，无法为本地动物提供食物来源；它们还改变了土壤成分，使其不适合大多数其他物种生长。人工林也更容易受到病虫害的影响。

抓住一个问题并不能推动我们前进；我们需要一个解决方案，在这个案例中，解决方案是扩大规模。受我女儿的移动应用程序的启发，我与邱园和国际植物园保护联盟的一个科学家小组合作，包括凯特·哈德威克（Kate Hardwick）、阿莉塞·迪萨科（Alice Di Sacco）、里安·史密斯（Rhian Smith）和保罗·史密斯（Paul Smith）。我们与世界各地的其他专家一起，基于现有的最佳证据，对再造森林和生境的最佳方式进行了研究。我们的出版物列出了“再造林的十条黄金法则”，引起了媒体的极大兴趣，全世界有上千万人阅读。数以千计的组织和个人，其中许多直接参与了植树活动，后来签署了一份声明，表示他们希望再造林项目能遵循这些法则。我们还举行了一次线上会议，有来自 100 多个国家和地区的数千名与会者参加，讨论植树和恢复森林的最佳实践和时机。所有这些努力得到的主要结论是，再造林具有巨大的潜力，可以同时应对生物多样性丧失、气候变化和贫困等重大挑战，前提是必须基于“在合适的地方种植合适的树木，并以合适的方式进行养护”的原则。我们的指导方针还包括从一开始就让当地社区参与进来，避开原先没有森林覆盖的地区，提前规划好气候变化的影响，以及仔细考虑对景观的长期影响。在许多情况下，仅仅让森林自行再生是最简单和最有效的方法。

除去红树林、珊瑚礁和天然草地等重要生态系统所具有的其他恢复方式，再造林是应对全球性挑战的一种被看好的“基于自然的解决方案”。除了对生物多样性、气候和民生的惠益，陆地生态系统的恢复还有助于防止土壤侵蚀和滑坡、风暴潮和水灾、咸水入侵、野火、虫害和干旱，而红树林、珊瑚礁和海草床的恢复则有助于重建健康的鱼类种群，促进生态旅游，捕获碳并为沿海社区提供保护。

不过，只要可以选择，保护尚存的自然生态系统总是比试图在其退化之后再恢复更可取。为了在 2050 年之前扭转当前陆地生物多样性丧失的趋势——**《生物多样性公约》**提出的愿景，据估计，世界上约有 40% 的陆地区域需要得到保护管理。虽然在过去 10 年中，被指定为保护区的土地面积有了可观的增长，但是目前只有约 15% 的陆地环境处于这些保护区内，这意味着我们仍有很长的路要走。这一数字的增长需要巨额的财务投资，毕竟在人类难以进入的地区保护那些对农业或其他用途没有什么经济价值的廉价土地的做法是远远不够的，而迄今为止我们主要还是在这样做。关键在于关注生物多样性的结果，而不仅仅是基于面积的目标，有些国家和地区（比如马达加斯加）应该首先得到我们的支持，以提高现有保护区网络的有效性，然后再去创建新的保护区。

新的区域需要通过生物廊道有效地连接起来，让物种能够为了觅食、交配和应对气候变化而自由移动。在实践中，今天的全球公路网，总长度相当于地球到月球距离的 160 多倍，对大多数动物构成了障碍。有些富裕国家现在正在修建桥梁和隧道来允许动物移动，这是一个很好的努力，在任何新的公路计划中都应该尽早考虑。不过，最好的做法大概是不再修建新的公路。建造新公路时，工作人员需要从规划路线的土地上清除植被，这会对自然生境产生直接和实质性的影响。公路还在加速其周围自然环境的退化方面扮演了重要角色。虽然公路提供了从一地到另一地的通途，但是它们也让人们有机会在以前难以到达的广大区域狩猎、开采矿物和其他自然产品，以及砍伐森林。例如，在亚马孙雨林，94% 的森林砍伐发生在距离公路 5.5 千米的范围内。公路上机动车的冲撞也会对某些物种造成明显的负面影响。例如，在美国内华达州南部，距离公路 4 千米的范围内，沙漠地鼠龟的种群密度低于其他地区。

不同保护区还需要考虑互补，以涵盖尽可能多的生物多样性，除了要保护更多种类的物种，还要关注进化、功能、遗传和生态系统的多样性，这几个因素在空间上只有部分的重叠。同样关键的是对保护区进行有效的监测和管理，不要沦为有些人口中的“纸上保护区”—— 虽然受到官方保护并向国际报告情况，但是就生物多样性水平而言，此地往往与周围地区没有区别，也没有得到真正的保护。

在划定新的保护区时，不仅要关注那些维持明星动物（比如大猩猩和雪豹）生存的区域，还要关注那些为由不太出名的物种（比如植物和真菌）组成的多样性群落提供保护的区域（见图 13-2）。这就是为什么我在邱园的同事花费了多年时间来划定世界各地的重要保护区，并且重点关注玻利维亚、莫桑比克和几内亚等热带国家。这项工作涉及对卫星图像的研究，对以前在该国所做的生物资源编目的梳理，对候选区域的额外田野考察，以及在整个过程中与当地合作伙伴的有力合作。确立不同区域的优先级确实可以发挥很大的作用。喀麦隆政府在 2020 年宣布的伐木特许经营

图 __ 13-2 帕拉莫植被

位于南美安第斯山脉高海拔的帕拉莫植被是一个保护生态系统并带给人类惠益的典型例子，其中的植物群落不仅维持着丰富的生命多样性，包括真菌、苔藓和鸟类，还作为大型水库为数百万人提供清洁水源，它们惠及生态系统和人类。

权，将会破坏独特的埃博森林的大部分地区。通过证明许多独特的植物物种可能会灭绝，并参与一场得到好莱坞演员莱昂纳多 · 迪卡普里奥支持的宣传运动，邱园的科学家和我们的喀麦隆合作伙伴成功地说服了政策制定者迅速撤销他们的决定，转而对埃博森林提供长期保护，此举得到了国内和国际的广泛赞誉。

做到有效保护最关键的一个因素是人类自己，我们经常忘记这一点。正如 2020 年不幸去世的英国著名生态学家乔治娜 · 梅斯所总结的，生物多样性保护在思想和实践上有个逐渐演变的过程：从 20 世纪 60 年代开始，它的关注点是“自然为本”，接着从 20 世纪 80 年代开始，是“人类干涉下的自然”，然后从 2000 年开始，是“为人服务的自然”。自 21 世纪 10 年代以来，关注点成了“人与自然”，这个表述更好地认识到了同时考虑并惠及双方的重要性。

几年前，我和埃莱娜 · 拉里马纳纳（Hélène Ralimanana）以及来自邱园马达加斯加保护中心的其他同事在研究马达加斯加东部的武希布拉沿岸雨林时看到了一个真实的例子。我们驱车近 10 小时才穿过一片高度退化的景观，其间几乎连一棵茁壮的树都看不到。到了我们的最终目的地时，风光就大不一样了：这里是曾经广阔得多的雨林中一块令人难以置信的充满多样性的美丽碎片。它之所以能几乎完好无损地保存下来，是因为我们所住的旅馆的拥有者与当地社区建立了密切关系，并将他们的部分收入支付给社区，以保护这片森林免遭砍伐和狩猎。这是一个简单的生态旅游模式，而且成功了，因为当地人在生计上得到了切实的惠益。很多地方都可以采用类似的模式，特别是如果得到当地政府和体制的支持，有助于游客在一个国家和地区里均匀分布。

引导集体行动并不是一项无足轻重的任务。从政策角度来看，有两种主要机制：激励和惩罚。这两种机制经常通过税收起作用：如果你降低税收，或者提供补贴，你就鼓励了人们为环境做“正确的”事情。这样做很重要，毕竟我们不能期望每个公民都会为了公共利益而做出利他主义的决定。例如，在任何两个地点之间坐飞机总是比坐火车更贵，因为前者对环境造成的影响通常要大得多（此处有个前提是铁路已经存在，因为修建铁路会占用很多土地）。

政府和议会也可以通过新的法律、禁令和国际协定来促成强烈且快速的变化。毕竟，反对在餐馆和其他封闭场所吸烟的斗争取得胜利，不是通过呼吁吸烟者，而是通过禁烟令。一些国际环境禁令之前已经取得过成功。在 20 世纪 80 年代末，制冷剂和推进剂中的氯氟碳化物（CFCs）的生产和使用被缓慢地逐步淘汰，因为研究表明这些化学品会消耗平流层中的臭氧，导致南极洲上空出现一个 2900 万平方千米的“洞”。禁止捕鲸则是为了应对许多鲸类物种的数量急剧下降，包括有史以来最大的动物蓝鲸。在北美洲和欧洲，20 世纪 70 年代和 80 年代禁止使用 DDT 和 PCBs（它们的影响在上一章已经讨论过），帮助拯救了几个濒临灭绝的鹰和海豹物种。在 21 世纪初，对大多数含汞产品的禁令也对野生动物的保护产生了积极影响。

在所有这些案例中，我们都看到了生物多样性有望恢复的迹象，有理由相信其他类似的禁令和法规也可以给物种和生态系统带来重大惠益。学习其他国家的经验并效仿其做法也很重要。不幸的是，尽管在印度和南亚其他地区都有双氯芬酸造成严重负面影响的记录，但是双氯芬酸仍然作为药物在世界范围内被广泛使用，并且最近在西班牙（那里生活着大量的兀鹫）被批准作为兽药使用。同样，在许多低收入国家的采矿活动中，大量的汞持续被释放到环境中，尽管它们对动物的神经系统和生殖系统存在人所共知的负面影响。

国际立法针对的一个紧急情况是全球禁止使用全氟烷基物质（PFAS），这既为野生动物也为人类带来了切实的惠益。PFAS 是一类超过 4700 种人造的“永远的化学品”的总称，似乎永远不会降解。由于其防污、防水和耐高温的特性，它们被用于制造成千上万的产品，从家具、服装到煎锅、鞋子、地毯、化妆品、食品包装、消防泡沫、滑雪板蜡和电子产品。最终它们流向了自然界的各个角落，其中一些已被证明会影响动物的生殖和免疫系统，造成激素紊乱，增加流产风险，并可能导致多种癌症。

有时，小创意可以发挥大作用。在我之前提到的再造林会议上，前哥斯达黎加总统卡洛斯 · 阿尔瓦拉多 · 克萨达分享了他的国家的非凡历史：如何从 20 世纪 80 年代拉丁美洲森林砍伐率最高的国家之一变成世界上最绿色和最可持续管理的国家之一，让生物多样性成为国家的骄傲和收入的来源。他们扭转局面的方式可谓天才：仅仅是决定用燃料税来补贴土地所有者，换取其停止砍伐森林。这些税收足以让土地所有者每年从每公顷（1 万平方米）土地获得 42 美元，并逐渐增加到 80 美元以上。这听起来可能不多，却足以让保持森林完整所获得的收益比把它变成农田更高。人们仍然可以从事其他基于森林的非破坏性业务，比如为观光客组织观鸟旅行；或者就是让他们简单地享受生活，漫步于茂密的树冠下，听鸟儿唱歌，坐在树下弹吉他！

拯救生物多样性的全球性变革必须得到法律的支持，鼓励积极行动，并在国家及其领导人做得不够好时追究其责任。此处的一个关键概念是将大规模破坏生态系统、对人类和生物多样性造成严重后果的行为视为一种国际罪行。几十年来，环保主义者一直在呼吁认可**生态灭绝**这一概念，即与种族灭绝对等的对环境的破坏，但直到最近一些年，这一概念才得到大力推动，越来越流行，并受到越来越多的媒体关注。20 世纪 90 年代，生态灭绝几乎就要被纳入《罗马规约》（根据该条约在海牙设立了国际刑事法院），不过由于受到来自荷兰、法国和英国的压力，在最后一刻被删除了。2021 年 6 月，应瑞典议会议员的请求，有关组织提出了对生态灭绝的新法律定义，即“明知很有可能对环境造成严重的和广泛的或长期的损害，仍实施的非法或恶意行为”。我们和活动家佩拉 · 蒂尔（Pella Thiel）一起写了一篇文章，阐述了为什么这个提议应该被认真对待，并与这里讨论的其他措施一道，通过国内法和国际法加以贯彻，以避免政府和企业造成环境破坏，这些破坏是可以通过执行基于科学的实践和国际合作而完全避免的。

保护尚存的生态系统并恢复退化的生态系统是向前迈进的关键步骤，不过还远远不够，除非我们同时解决造成生物多样性丧失的最重要的潜在驱动因素：对食物的需求。在仅仅 50 年里，全球人口从 39 亿增加到了 78 亿，并且预计至少在本世纪中叶之前还会继续增加，我们必须找到方法来减少食物生产对海洋和陆地生态系统造成的压力。据估计，我们在未来 50 年内需要生产的食物比人类历史上所生产的加起来还多，这就要求我们对生产和消费的方式进行深刻转型。

针对陆地，一个被广泛提倡的解决方案是通过使用越来越大的专业化机械来尽可能地发展集约农业，其中有时还涉及转基因作物。许多中高收入国家在这一点上已经达标，例如加拿大、美国和澳大利亚西部生产的大批量小麦作物。但这样一个系统并不适合所有地方；它的建立成本很高，排除了当地社区的广泛参与，最适合平坦的地区，依赖高强度杀虫剂，并将大多数鸟类、昆虫和其他野生动物赶出了耕地。虽然集约农业有潜力减少将原先的自然生态系统变成耕地的需求，但是实际上到目前为止，这种情况很少发生，比如亚马孙雨林的大豆田正在不断扩大，以满足不断增长的全球需求。

一个更好的选择，特别是在许多低收入和生物多样性地区，可能是推进小规模农户的传统实践。各个家庭通常根据当地的环境条件，比如土壤类型和小气候，来共同种植各种作物。然后他们的产品会在社区内和社区间进行交易，交易通常由农妇主导。虽然这种系统的各种变式已经在世界各地实行了几千年，但是在过去的一个世纪里，许多当地自给自足而不参与国际贸易的作物（孤儿作物）和与驯化作物相关的野生植物物种（作物野生近缘种）越来越遭到忽视，只有少数几种主要作物受到青睐，这导致我们饮食的营养水平下降。现在有一个很好的机会来使这些作物多样化，增加所谓的农业生物多样性。科学家正在开展许多项目，以支持这种转型，并建议种植那些合适的作物——不仅要在目前的气候下表现良好，而且在面对气候变化时能更适应未来的挑战。其中一些作物，比如埃塞俄比亚和马达加斯加的薯蓣，一直是我在邱园的同事保罗·威尔金（Paul Wilkin）、埃塞俄比亚的斯亚贝巴的塞布斯贝·德米修（Sebsebe Demissew）及其合作者的研究重点，它们在森林阴凉处生长得最好。种植薯蓣减少了砍伐树木的需求，有助于保护当地的生物多样性并获取森林带来的所有惠益，比如供应清洁的水、冷却空气以及防止侵蚀和洪水。因此，增加农业生物多样性，特别是与支持教育和计划生育的项目一起，可以带来许多积极的结果：从减少贫困到提升健康、粮食安全和生物多样性保护。我认为这应该是由当地和国际援助资金支持的许多项目的关注重点。

关于食物的最后且关键的一点是必须减少浪费。以下数据不言自明：世界上每年有 1/3 的食物被浪费掉。这足够让世界上 8.15 亿饥饿人口吃 4 年。总的食物浪费是许多因素导致的，从食物由农场到餐桌的漫长旅程，到顾客对完美水果和蔬菜的过分挑剔。减少浪费的举措方兴未艾。除了个人消费者要发挥主要作用，社会的其他许多部分也要发挥作用，如学校、公司、酒店、餐馆、超市和政府等。在法国，超市丢弃未开封的食物是违法的，这些食物需要被捐赠。德国和丹麦等国，建立了一些能够减价出售过了保质期的产品的企业。公共宣传正在鼓励人们购买本地产品，同时还发明了特殊的明胶标签，用来判断食物是否真的变质。现在是时候扩大这些伟大举措的规模，并支持这一领域的进一步创新了。

减少浪费，加上堆肥和回收，不仅有助于减少对土地的需求，还有助于减少养分、杀虫剂和其他污染物渗入环境，以免它们对生物多样性和人类构成进一步威胁。这只是使所有的制造业循环化所带来的优势的一个例子，在这个过程中什么都没有失去，而是得到反复利用。**循环化生产**不过是效法自然的一种方式，在自然界中，各种元素不断被循环利用，比如树木腐烂后向土壤中释放氮和磷，只是为了让它们被下一棵生长在同一位置的树木再次吸收。

私营企业是社会向可持续发展转型的一个关键角色。各个公司拥有足够的力量、创新能力和资源来改造它们的产品和服务，以满足消费者日益增长的环境需求。诸如“联合国全球契约”和“可持续市场倡议”这样的活动组织现在正在聚集势头，把大公司的领导者聚拢在一起，确保每一项投资都能推动他们走向一个更绿色的未来。

从自然界寻找灵感——**仿生学**领域——是另一个例子，在这个领域，各个公司可以释放出生物多样性的未知用途，以解决我们的许多问题并提升福祉。这方面的例子包括，日本的高速新干线列车的设计从翠鸟的喙获得灵感，使列车运行更快更安静，特别是在通过隧道时，原本空气阻力会造成减速；瑞士工程师乔治·德梅斯特拉尔（George de Mestral）取下狗身上粘着的带芒刺的种子和果实，进行了仔细观察，由此发明了维可牢尼龙搭扣；还有津巴布韦的购物中心，模仿白蚁丘，保持恒定的凉爽温度，所需能源仅为同等规模的传统建筑的10%。

总而言之，世界各国不仅需要解决造成生物多样性丧失的直接驱动因素，如陆地和海洋的生境退化、过度开发、气候变化、污染、物种入侵，还需要解决间接驱动因素，如人口增长、贫困、冲突和流行病。各种驱动因素的协同作用清楚地表明了人类和自然系统之间存在强有力且复杂的联系和相互依赖性。

有些人可能会说，考虑到机会成本，比如不能在肥沃的土地上种植作物，或者不得不将公共资金转用于恢复生境，而不是投入医疗、教育或军事，阻止生物多样性丧失实在太花钱了。事实上，这是由于历史上对自然资产的估值方式有问题，或者说是没有得到重视。[1] 正如经济学家帕塔·达斯古普塔（Partha Dasgupta）所指出的，我们系统地利用自然生

1. 此处英语原文是一语双关，value 同时有“估值”和“重视”的含义。——译者注

态系统和其中的物种来建设我们的社会并支持我们的消费，却没有为开采或取代它们付费。在仅仅 20 多年的时间里（1992 年至 2014 年），全球投资导致**生产资本**（比如建筑、公路和机器）差不多增长了 100%，作为对比，**自然资本**（比如森林）的存量减少了近 40%。保护一片森林听起来不像是一项投资，不过它确实是，因为这使森林能够成长并发展其捕获碳的能力，稳定土壤，减少洪水，提供传粉者、清洁的水、建筑材料、树荫以及许多其他服务和商品。即便是在目前的货币体系中，很明显，现在投资于生物多样性保护比以后投资要便宜得多：伦敦自然博物馆的一份报告估计，再等待 10 年，成本将会增加 1 倍，并导致更多物种消失。

不丹和新西兰已经指明了方向：两国正在转变他们设定的优先级和公共投资，以实现更广泛的环境和社会效益。这两个国家已经用新的模式取代了原先优先考虑的对经济增长的追求，新模式用基于自然生态系统质量和人民福祉的更具包容性的财富衡量指标。他们还欣然接受了过上“美好”生活的不同愿景，这种愿景与货币资产和生产资本的联系较弱。他们的例子表明，金融系统的转型不仅是可以实现的，而且对于更公平地分配世界上日益减少的资源也是至关重要的。现在是我们对自然资本进行适当估值的时候了，要将生态系统退化、生物多样性丧失、污染和气候变化的成本考虑在内。

挑战经济增长并将环境影响纳入经济学，听起来像是一个革命性的新想法，其实并不是。1972 年，美国经济学家威廉 · 诺德豪斯写了一篇影响深远的论文，讨论了这个议题，文中引用了生态学家保罗 · 埃尔利希的一句话：“我们必须获得一种生活方式，其目标是使个人的自由和幸福最大化。”在随后的几十年里，诺德豪斯继续开发了一系列有影响力的经济学模型，考虑了增长对环境的真实影响，这最终让他赢得了 2018 年的诺贝尔经济学奖。

自然对于维持人类当前和未来世代的福祉至关重要。正如阿根廷生态学家桑德拉 · 迪亚斯（Sandra Díaz）和她的同事所广泛倡导的，他们回顾了世界各地的大量研究，发现有充分的科学证据表明，一个健康的地球也意味着一群健康的人类。我在这里概述的解决方案仅仅代表了世界各国及整个社会需要关注的一小部分领域。转型的关键是在国家和全球层面实施大规模的举措。同时，作为个人，我们可以做很多事情来支持生物多样性并减小我们自己对环境的影响，这可以通过我们每个人在日常生活中的行动和选择来实现。这些行动会相互强化和放大：个人行动的转变能够迫使政府进一步采取行动，政府行动反过来又会提升公众对变化（比如室内禁止吸烟）的接受程度，并迫使公司和企业调整步伐，以免遭致公众抵制，公司行动则再次鼓励政府进一步采取行动……这是一个积极变化的良性循环。这两方面的变化，既包括全球层面又包括个人层面，合在一起，成就了保护世界生物多样性的最有力工具。

第 14 章 从我做起：生活篇

非洲有句谚语云：“如果你觉得自己太渺小而无法有所作为，那么你就去和一只蚊子过上一夜。”世界生物多样性所面临的威胁似乎令人生畏，不过我们每个人都可以发挥关键作用，合在一起将会带来巨大的积极变化。

对个人来说，并没有一种单一且万能的方式来做贡献。我们每个人有着不同的社会角色、人际关系、工作情况和经济能力。有些人拥有花园或土地，对居住其间的物种有着直接的影响，其他许多人则住在公寓里，顶多有个阳台。就算你是后者，你仍然能够通过你的消费选择和行动，做出与前者相似的甚至更大的改变。我希望我可以说，没有必要为自己做得太少或不够而感到难过，任何行动都好过没有行动。不过真相只有一个：阻止和扭转世界上极其严重的生物多样性丧失的唯一途径，是我们每个人彻底且充分地改变我们的生活方式，而且从现在就开始。

最大的好消息是，如果我们每个人都能充分减少我们的环境足迹[1]，并影响其他人也这样做，那么合在一起的效果将会带来变革转型。你的行动、价值观和话语可以引发思考并被放大，特别是通过公开支持他人的积极行

1. 环境足迹是一个指标，用于衡量人类对环境造成的影响，也即人类对自然资本的需求，又称为生态足迹。—— 译者注

动和行为。不仅如此，结果往往都是双赢，很少会有牺牲：对生物多样性和气候有利的行动，几乎总会对我们的健康和福祉以及我们的荷包有利。

接下来两章我列出了我们每个人都能做出改变的关键领域，其中包括直接减少会对生物多样性造成负面影响的行动，以及对环境和更广泛地应对气候变化提供有利的间接惠益。有些做法会比其他做法更容易、更快地被采纳，只要我们日积月累地取得进展，我们就会朝着正确的方向前进。这些建议绝不是面面俱到的，相反，这主要是一份我和家人们一起努力追求的个人举措清单。

食物

食品生产是生物多样性丧失的主要驱动因素，这是我们每个人都可以在个人层面开展积极行动的领域。在巴西长大的我，每天的餐盘看着几乎都是一个样：米饭、豆子、一些沙拉，加上一片肉，因为我家只负担得起这些。在巴西以及几乎所有其他地方，肉类消费，特别是牛肉、猪肉和鸡肉，对陆地生物多样性造成了巨大的破坏。这是因为与可以直接为我们提供蛋白质和其他营养物质的植物相比，动物的生长需要多得多的能量、土地和水。例如，生产 1 千克牛肉平均需要超过 1.5 万升水，而 1 千克土豆只需要 255 升水，而且这些水经常是从生物多样性丰富的湿地和河流系统中转移来的。全世界生产的小麦、黑麦、燕麦和玉米，40% 以上被用来喂养牲畜而不是直接供人类食用，还要加上每年 2.5 亿吨的大豆和其他油料种子。

我知道改变一个人的饮食习惯是不容易的。食物是我们的文化，是我们的身份认同的一个主要部分，我们每个人都深情地记得小时候吃过的菜肴。与特定气味和味道相关联的记忆在我们的大脑中远比只有图像记得持久。例如，任何试图通过遵循一种新的饮食习惯来减肥的人，都知道在较长时期内保持这种饮食习惯是多么困难，而且很容易回到原先的习惯中去。在许多国家，肉类消费与社会经济地位尤其相关，从墨西哥的 barbacoa 到南非的 braai 和日本的 yakitori，几乎每个国家的烧烤文化都关乎民族自豪感和社会交换。然而，改变我们的饮食习惯正是我们需要做的，特别是在世界上人均肉类消费较高的地区。虽然目前有大约 40 亿人以植物性饮食为生，特别是在印度和非洲，但是在其他大多数地区，肉类消费高到不可持续，而且全世界大多数国家的肉类消费都在迅速增加。

除了普遍的高价，肉类还对我们的健康造成了影响。那些吃大量红肉和加工肉制品的人，其心血管疾病的死亡率较高，而且加工肉制品的高摄入量与结肠直肠癌之间存在强相关。除了我们个人的健康利益，减少肉类消费也会帮助解决我们最关注的公共健康问题之一：抗生素的抗药性。这是一个令人不安的趋势，即以前由细菌引起的容易被治疗的疾病，因抗生素的广泛使用（和滥用）导致细菌 DNA 突变，而失去被治愈的可能。如果我们不停止对肉类的过度消费，不仅我们现在的健康会直接受到影响，而且我们周围以及世界各地的其他人的健康也会受到长期的影响。

少吃肉或不吃肉

如上所述，从我们的饮食中减少肉类，并以可持续获取的替代品取而代之，将对生物多样性、气候和环境产生很大的积极影响，这样做减少了土地和自然资源的压力，受益的包括我的祖国巴西——养牛的大豆饲料的最大生产国。如果你确实想偶尔吃肉，请选择有机生长、本地生产的产品；如果你想吃鱼请选择有着可持续种群数量的物种，捕鱼时最好是用鱼饵，或者是用能减少副渔获物的拖网（放掉尚未达到繁殖年龄的鱼，以及海豚和海豹等大型动物）。

不吃肉或减少肉类消费，也意味着减少了甲烷的单个最重要的来源。甲烷是由反刍的牲畜大量释放的，是仅次于二氧化碳的第二大温室气体（事实上，它的威力更大，不过留存的时间更短，浓度比二氧化碳低得多）。通过将饮食习惯转变为植物性饮食，我们每个人每年可以减少近 1 吨的温室气体排放。奶酪、酸奶和黄油等奶制品也会对环境造成很大影响，这取决于动物的饲养方式。另一个替代选择是吃昆虫，有些人认为昆虫是原始的、令人厌恶的，但昆虫是全世界超过 20 亿人的传统饮食的一部分。地球上有超过 1900 种昆虫被人类常规食用，这通常对环境影响很小，特别是有些昆虫可以在有机生物垃圾上生长，这好过我们在野外捕捉，因为许多物种已经在世界各地急剧减少。如果昆虫饮食听起来对你没有吸引力，也不代表你是异类，但如果你有朝一日尝试了，那么你可能真的会感到惊讶（我就是这样），炸蝗虫、炸蚂蚁和炸甲虫竟然如此美味！[1]

多吃水果和蔬菜

幸运的是，在动物界以外存在着巨大且尚未被充分开发的多样性，可以用来替代肉类。我在邱园的同事蒂齐亚纳 · 乌利安（Tiziana Ulian）、

1. 不吃肉会影响人体补充蛋白质、脂肪、钙等营养成分，是否吃肉需酌情考虑，建议均衡饮食。——编者注

图＿14-1 “歪瓜裂枣”

人类对这种自然变异的抵制意味着，如果这些产品有幸能够摆上超市货架，在一天结束时几乎无一例外地会被扔掉。这就是尽管有很多人仍在挨饿，而且农业对生物多样性造成了压力，却还有这么多食物被浪费的部分原因。

毛里西奥 · 迪亚斯格拉纳多斯（Mauricio Diazgranados）、萨姆 · 皮罗农（Sam Pironon）等人鉴定了超过 7000 种植物，这些植物在世界各地被用作食物来源，同时营养丰富，足以应对气候变化，而且灭绝风险低。虽然你可能从未听说过其中许多物种，但是有些物种在当地被数百万人所食用。比如莫拉马豆，这是一种非洲南部的豆科植物，其种子烤熟后味道像腰果，还可以煮熟或磨成粉，制成粥或类似可可的饮料；还有露兜树，这是一种耐旱的树，生长在从夏威夷到菲律宾的沿海低地，结出的果实可供生吃或烹饪。

你有哪些选择取决于你居住的地方和你周围市场上的供应情况。优先考虑当地可获取的物种和品种，并按季节选择。我知道牛油果很好吃，不过如果它们不生长在你居住的地方，就意味着要长途运输一种已经对环境造成巨大影响（从智利的密集用水到肯尼亚的大象自然迁徙路线的阻断）的作物。在购物时，选择“歪瓜裂枣”（见图 14-1），而不是体型完美、一尘不染的（例如在英国，外观上的缺陷导致 40% 的土豆、苹果和洋葱被扔进垃圾箱，25% 的胡萝卜被拒售）的水果和蔬菜。自己带布袋去超市，尽可能避免使用包含塑料的产品。

扩展你的饮食

真菌和藻类是对植物性饮食的很好补充，为你的餐盘增加重要的营养物质，而且它们的种植对环境影响很小。例如，平菇（见图 14-2）是 B 族维生素、磷、钾、铁、铜和其他几种矿物质的重要来源，而且它们在食品工业的副产品上生长得非常好，比如啤酒生产的剩余物。我曾经尝试在我家地窖里种植蘑菇，我惊讶于它是如此容易，只需要一套简单的设备和很小的空间。在海洋中，藻类种植非常容易，它们不需要与陆地上的农作物争夺空间，也不需要添加养分或杀虫剂。它们为我们提供蛋白质、维生素、矿物质、抗氧化剂、糖类和脂类。我曾几次到日本参加会议，我在访问中最美好的记忆之一是看到藻类和真菌经常成为许多当地菜肴的组成部分。潜在的菜单是巨大的，已知的大型可食用蘑菇就有好几千种。不过，千万不要吃你不完全认识也不知道是否可食用的野生蘑菇，否则那可能是你最后一次吃它们了！

学会根据原料烹饪，相信自己的感觉

烹饪有点像学习演奏乐器：需要一些时间和努力，很快你就会开始收获实践带来的回报。作为入门，互联网和烹饪书上有很多专注于非动物饮食的美味食谱，不过不要过于严格地遵循它们——即使你用冰箱里碰巧有的食材来替代食谱上建议的几种食材，结果也可以同样好甚至更好，这样做可以还减少浪费。我们要学会用真材实料烹饪。用全生的而不是加工过的食材会让烹饪的食物更可口，新鲜的食材往往为烹饪美味提供了基础，而且更少用到预制菜所特有的不必要的塑料包装。当涉及丢弃食物时，你要相信你的哺乳动物的鼻子而不是标签——鼻子已经进化数百万年，是一个高度复杂的工具，可以告诉你食物是否真的坏了，而“最佳食用期”只是一个参考。[1]

1. 应减少浪费，但食用过期食物对身体有诸多危害，请谨慎对待。——编者注

图 _ 14-2 平菇

真菌是健康饮食中美味且有营养的组成部分，它们的生产比许多其他类型的食物更具可持续性。

在家里

虽然仔细选择食物至关重要，但是为了最大限度地减少对环境的影响，我们必须考虑购买的其他一切东西是否必要，首先要控制好我们带进家里的东西。

少买东西

我们别无选择。为了减少自然资源和生态系统的压力，我们必须大幅减少各种形式的消费。这不仅会减少对我们购买的具体产品的需求，还会减少相关的项目和服务，比如产品的包装、运输、储存和清仓（包括它们对全球垃圾和环境污染的“贡献”）。我们必须停止总是购买和赠送新产品，这意味着重新审视我们的日常习惯，以及圣诞节和生日等场合。如果你想送礼物，可以考虑送一份体验而不是实物礼物：展览、戏剧、课程或按摩。在许多城市组织的交换活动和街头市集上，与他人交换东西也是很有趣的，比如衣服、书籍和植物。你可以租借特定的衣服来参加豪华晚宴，或者租借特定运动的装备，通常你要租借很多次，租借费用才会超过购买费用。退而求其次是购买二手物品：好的家具可以使用几十年，甚至几百年，而二手物品的市场无所不包，几乎涵盖你能想到的任何东西，从厨房用具到帽子、手机和专业工具，价格通常非常低廉。还有很多在线交易网站，你住在哪里都能交易。珠宝是一个隐藏的坏蛋，因为贵金属和珠宝（比如黄金和钻石）的开采和提取，对环境有巨大的影响（回收、再利用和调整用途是更好的选择）。对“免费”的营销物品保持警惕，从纸质小册子和钥匙扣到袋子、笔和塑料玩具，你并不需要这些东西（你的公司也不应该赠送这些东西）。

注意家具

目前约有 1/3 的树种受到威胁，用木材制作的家具是一个需要改进的关键领域，因为它与森林砍伐和不可持续的选择性采伐有很大的关系。正如我在第 10 章所讨论的，市场上的非法木材比我们所能想象的要多得多。为数不多的对家具进行森林认证的做法是一个很大的进步，不过也被批评没有做到应有的严格性和有效性。如果你必须购买新家具，请考虑你真正需要的木材类型。避免在室内使用最耐用的热带木材（柚木或桃花心木等硬木）；即使是由橡木和其他常见树种制成的户外家具，如果养护得当（比如用天然油进行抛光），也能经受住时间和天气的考验。如果确实需要使用热带硬木，比如用于制作精美的工艺品和乐器，请仔细检查文件，以确保木材是可持续种植的，而不是野外采伐的，并避免使用生存受到威胁的物种，比如各种蔷薇木和乌木。

将野生物种留在其生境

木材只是众多自然材料中的一种，在拿进家门之前要有选择地加以考虑。其他材料，比如用贝壳、珊瑚或其他野生动物制成的纪念品，除非确属可持续的，比如当地社区用可再生资源制作的植物篮子等工艺品（但如果有疑问就最好不要买），否则永远不要买。避免购买不寻常的植物和宠物。一些拥有社交媒体账户的人可能会出售非法采集的物种，从兰花和仙人掌到乌龟和变色龙，由此消灭了整个种群甚至整个物种，特别是那些只在少数地方或一个小区域内发现的物种。在大流行造成出行受限期间，这个问题更加恶化，因为以前依赖旅游业或其他活动的人在经济上受到疫情的严重影响，不得不寻找新的谋生方式。作为消费者和公民，我们应该尝试以其他更可持续的方式支持他们，比如购买该地区有机生产的农作物。

投资于质量

不管是买二手货还是新货，都要选择经久耐用的。我们很容易陷入购买便宜货的误区，比如打折物品。尽管它们可能并不完全是我们所需要的。20 世纪 60 年代生产的电视或 20 世纪 80 年代生产的电话可以使用几十年，今天的设备和电子产品却用不了这么久，作为消费者，我们不应该接受这种现象。我们必须要求质量更好的产品，特别是它们所包含的许多金属和其他成分都出自对环境造成破坏的采矿活动；在保证使用寿命的基础上选择品牌，如果可以，游说公司提供更耐用的产品还要考虑修理而不是更换物品，并选择那些提倡这样做的品牌。

为你的家排毒

化学清洁用品的使用几乎总是不必要的，而且这是造成流域和海洋污染的一个因素，影响了水体独特的生物多样性。我们可以使用普通的肥皂或洗涤剂进行一般的清洁，在浴室和厨房使用醋，用来清洁瓷砖表面、水槽、马桶、浴缸和花洒，还可以在互联网上寻找自制清洁配方，你可能会惊讶于这一切都大有可为。化妆品和卫生用品是危险化学品的另一个重要来源，从含有微塑料的指甲油和口红，到至少含有三氯生等数十种破坏性抗菌和抗真菌物质其中一种的洗发水、肥皂和牙膏。无论冲进水槽还是丢进垃圾桶，这些毒素在环境中无处不在，毒害了河流和海洋，对珊瑚礁、藻类、龟和鱼类产生了已经证实的影响，并导致了细菌的抗性。一些产品还含有不可持续的成分，比如未经认证的棕榈油。如果你不知道某种成分是什么，也不知道生产它对环境造成的影响，可以上网搜索。除了寻找对环境友好的化妆品，我们还应该挑战那些驱动化妆品滥用的因素，比如各大公司不断推广的清洁产品和化妆品，以及每天淋浴或洗澡的社会需求。另外，如果你真的选择使用它们，一定要恰当地处置用剩的有毒产品和药品，例如送到回收站。

购买更清洁的能源

家庭在世界能源消耗和碳排放中占很大比例。如果可以，你可以确保自己只使用可再生的环保能源，特别是太阳能、风能和水能。不过，请记住，但凡涉及能源生产，就没有哪种能源是完全没有问题的，即便是那些被认为“清洁”的能源。风力发电机的生产需要大量的资源，并被指责破坏景观、制造噪声、杀害鸟类和蝙蝠（尽管目前的证据表明这不是一个主要问题）；太阳能电池在生产过程中需要大量的能源，但如果在合适的地区使用，则利大于弊；水电站在启动和运行时对环境的影响有限，却会对周围的生态系统和流域造成巨大的负面影响，永久性地阻碍动物（比如洄游鱼类）自由移动。尽管存在这些问题，但是总的来说，清洁能源总是更好的选择，而且正在变得越来越便宜。事实上，国际能源署已经确认，目前太阳能是人类历史上最便宜的能源。

降低全家的能源和水的消耗

上述考虑意味着，即使你选择了提供最环保的可持续能源的供应商，降低能源消耗始终是关键。为了实现这个目标，你可以做很多事情。你可以提升你的房子的隔热性能，如果你需要开暖气，把室内温度设低几摄氏度（只要加一件针织衫）。你可以用节水软管冲个时间更短的淋浴，避免泡浴缸。烹饪时用锅盖盖住锅（这可以减少 87.5% 的能源使用）。你可以把传统的灯泡换成 LED 灯，把待机的电子产品完全关掉，离开房间时把灯关掉。你还可以把洗好的衣服挂起来晾晒，而不是用滚筒式烘干机。如果有机器坏了，尽可能把它修好，而不是买一个新的。确保所有新购置的机器尽可能地节能，因为不同机型的产品能耗可能有很大差异（例如，电烤箱至少比燃气烤箱节能一半）。在世界上一些常年或季节性缺水的地区，节约用水尤为关键，而且还能带来其他好处，比如减少了清洁和加热水所需的能源，减少了开采地下水和其他资源的压力，而野生动物也要使用这些资源。

养宠物要三思而后行

猫和狗是绝佳的伴侣，它们可以舒缓我们的压力，成为真正的家庭成员。宠物的拥有量正在激增，在大流行期间进一步增加。不过它们仍然是具有天生本能的动物，并会带来可观的环境足迹。特别是猫，即便在家里得到合适的喂养，也会追逐鸟类、啮齿类动物和其他野生物种。仅在美国，它们每年就会杀死多达 40 亿只鸟和 220 亿只哺乳动物。最糟糕的是流浪猫，它们要么是逃出来的，要么是遭到遗弃的。岛屿及其独特的生物区系受到的影响尤其大，夏威夷所报告的破坏性影响就是一个例子。如果你不愿意把你的猫关在室内，至少在它们的项圈上挂个铃铛，用来给潜在的猎物预警（会有一点帮助，聊胜于无）。就像你关注自己的食物消耗一样，你需要考虑宠物的食物消耗。一只中等大小的狗，比如拉布拉多犬，每年所消耗食物的碳排放量约为一辆大轿车行驶 1 万千米的两倍。你还要考虑选择什么宠物。一只大狗消耗的食物需要大约 1.1 公顷的土地来种植，而一只仓鼠只需要 0.014 公顷。素食和纯素食[1]似乎对狗和猫的效果不佳，不过宠物主人可以考虑新品牌的昆虫性宠物食品，这会减少它们的碳足迹。好的一面是，宠物主人通常会更多地锻炼身体，而更少地旅行或飞行。以上都是在第一次养宠物，或者再养一只宠物，或者当你的宠物离开了时，你考虑用另一只宠物来代替它之前要做的重要考虑。我小时候是和狗一起长大的，我知道我们可以和它们有多深的情感联结，不过或许现在是时候让我们学会欣赏那些大自然中自由自在的动物，而不是那些被我们关在家里的宠物。

1. 两者的区别是，素食（vegetarian diet）可以包含鸡蛋、蜂蜜、牛奶等由动物衍生的产品，而纯素食（vegan diet）不包含。—— 译者注

家里的后院

家庭花园是个用武之地，在这里，简单的行动就可以对当地和区域的生物多样性带来具体的改变。今天，世界一半以上的人口生活在城市地区，到 2050 年，这个数字将增加 2/3 以上。总的来说，家庭花园在很多城市地区占有很大比例，例如在英国，平均约占一个城市面积的 1/4，所以我们需要充分利用它们。由于我们已经改变地球上如此多的土地表面，留给其他物种的空间很小，那么我们可以通过相对适度的努力和几个积极的步骤，让自己的后院与城市公园和其他沿路、环岛和公共区域的微生境一起成为野生动物的避风港。这将为支持和增加生物多样性，促进物种在城市景观中自然流动，减少城市的空气和噪声污染，带来很大的惠益，并为我们自己的心理健康和福祉提供切实的助益。

摆脱草坪

打理草坪是一种耗水的、费时的、非生产性的和不必要的土地使用方式。相反，可以让野生植物物种发展成一块草坪。你通常可以从购买种子开始，它们会自己长起来，不过要确保它们是土生土长的本地物种，而不是外来物种或者有可疑的遗传来源的物种。如果你喜欢草坪，那么考虑让草皮长得稍微高一点，这样低矮的有花草本植物和真菌就可以茁壮成长。永远不要使用肥料或除草剂。如果你有足够的空间，那么你可以把森林引进来，要么是通过种子的自然再生，要么是种植本地树木的苗子，相信你也会喜欢和享受这些树带来的许多相关物种和其他惠益。少做除草工作，那些自发生长的本土植物是很有趣的，几处角落里的荨麻或其他本土植物为许多蝴蝶提供了空间和食物。栽培对昆虫来说是上佳蜜源的物种（最好询问当地专家的建议）。放置一堆树枝和树叶，以迎接刺猬、小型啮齿类动物和昆虫（见图 14-3）。留几根树木让其自然腐烂，随着时间的推移，以它们作为基质的真菌、苔藓和昆虫会来安居。由于人们痴迷于清洁公园和花园，这类基质已经越来越少。

为动物打造家园

为独居的蜜蜂和胡蜂、鸟类和蝙蝠建立巢穴。这些巢穴自己制作起来很容易，也很有趣，我们也可以在网上和一些花园商店购买。喂鸟对我们来说是很享受的，这样可以增加它们全年的生存概率，特别是在寒冷或干燥的季节。我通常会混搭不同种类的种子和坚果，因为鸟类也需要多样化的饮食，并且不同的物种有不同的需求和喜好。鸟食罐偶尔还会招来松鼠等哺乳动物。在热带地区，切成片的番木瓜、香蕉和其他水果肯定会受到动物欢迎。如果你觉得自己雄心勃勃，又有足够的空间，可以挖一个池塘：它总能吸引极具多样性的昆虫，从一些水生蝽类[1]到各种蜻蜓，你还有望迎来蝾螈和青蛙以及更多物种，具体的物种取决于你在世界的哪个地方。我最近挖了一个池塘，它成了我们花园里最有价值的项目之一，来了

1. 此处原文 water bugs 在学术上是对许多种生活在池塘等水域的半翅目昆虫（中文通称“蝽”）的通称，主要包括负子蝽科、潜水蝽科和膜蝽科，而在民间，蜚蠊目喜欢潮湿环境的几种常见蟑螂被误称作 water bugs ；water bugs 没有对等的中文名称，“水蝽”是水蝽科昆虫的通称（英语称作 water treaders），而俗称“水蟑螂”的龙虱则属于鞘翅目。—— 译者注

图 _ 14-3　我们后院的生物多样性

我们的花园可以成为许多物种的避风港。一堆木头为刺猬和两栖动物提供了一个家，而荨麻和其他野生植物为蝴蝶提供了食物和庇护所。我们有很多方法可以帮助我们后院的物种。找出适合你的地区和当地条件的方法吧。

很多野生动物，而且永远是有看点的园中一景。

设置堆肥箱

我在一家植物园找到第一份工作后学到的第一点就是“堆肥是所有花园的心脏”。多年来，我认识到这一点再正确不过了：它是一笔惊人的财富，可以将一个家庭的全部植物性食物残渣转化为高质量、有营养的土壤——你永远不需要购买肥料（生产肥料需要大量的能源，而且会破坏河流和湖泊的营养平衡，对野生动物造成负面影响）。我们家里有两个大的堆肥墩，用来堆放温热的堆肥（要堆得足够紧实以避免老鼠进入）。对我来说，管理和照看它们几乎已经成为一种爱好。从我们的树篱和树上修剪下来的大部分树枝，在花园的粉碎机中处理后，也会用作堆肥。

关掉室外的灯

你有没有发现，如今在很多城市都很难看到星星了？尽管理论上裸眼平均可以看到 5000 颗星星，但是实际上，在一个典型的城市里能看到的星星数量少于 12 颗，意识到这一点让人感觉很糟糕。如今长大的许多孩子只在电影或照片中看到过银河、感受过流星雨的震撼。正如我们在第 12 章中所看到的，人造光污染不仅令人生厌，而且对生物多样性和我们自己来说是一个持续加剧却未被重视的大问题。夜间灯光扰乱了动物、植物和我们自己的昼夜节律。它对我们的环境造成了严重的破坏，所以如果你能避免光污染，就不要助长光污染！

第 15 章
从我做起：工作篇

交通

全球化使我们所有人更紧密地联系在一起。长途和短途旅行从未如此容易和实惠，这得益于相互竞争的航空公司的数量激增，有吸引力的购车支付方案，政府对公路的投资，以及其他原因。虽然化石燃料的使用和温室气体的排放是关键问题，但是还有更多问题。汽车尾气和道路磨损释放的小颗粒，加上有毒的氮氧化物，影响了人类和其他动物的呼吸系统，并可能与过早死亡存在关联。公路两旁的人造光虽然降低了发生致命事故的风险，却大大加剧了光污染。与车辆的直接碰撞成为许多物种的致命威胁，从濒危的蛙类到哺乳动物、爬行动物和鸟类。繁忙的交通导致了道路的磨损，需要生产更多的沥青和混凝土来修补，生产过程会释放大量的有害气体。新的公路也是森林砍伐和土地使用变化的关键驱动因素。总而言之，虽然快速和廉价的交通让我们的生活变得更便捷，却对我们的星球造成了很大的损害。幸运的是，我们有能力对此做点什么。

如果可以，多在家里工作

虽然大流行使我们狂热的旅行停滞了，但是我们必须在更持久的基础上减少交通对环境的负面影响。许多人因势利导迅速成为视频会议的专家。如果公司鼓励员工每周至少在家工作一天，这个时间对许多人来说是亟须的，我们可以继续处理电子邮件，或者不受干扰地专注于特定任务，这将大大降低交通运输的总体水平，也有助于我们所有人获得更健康的工作和生活平衡。

步行或骑车

无论从环境还是健康的角度来看，步行或骑车总是最佳的出行选择，而且根据世界各地的统计数据，对全球大多数人来说应该是可行的。在中国，小城市的平均通勤距离是 6 千米，超大城市也不超过 9.3 千米。电动自行车增加了人们愿意骑行的最长距离，只要你能保证安全，单程距离 10 千米 ~ 12 千米并没有什么大不了。通过这些方式，甚至更长的旅行也是可能的，而且“慢速旅行”正变得越来越流行。如果步行或骑车不能满足你的需要，或者基础设施还不能保证你安全出行，那么公共交通应该永远是首选。根据你住在哪里，你可能需要将两者结合起来，比如先骑车到一个合适的地铁站。

少坐飞机

法国和奥地利等国，已经禁止了短途航线（可以用不超过 3 小时的火车旅行取代的航线；其他国家有不同的定义）。一些国际公司正在对其员工执行类似政策，不过在大多数情况下，坐不坐飞机的决定权仍然在我们手中。海外旅行是少数没有其他交通工具可用的情况之一，由于我的工作具有国际性，我一直在努力减少自己的碳足迹。不过，在疫情期间，我已经能够组织或参与许多完全在线上举行的国际工作会、研讨会和其他会议。线上会议的额外好处包括为那些有身体障碍或财力和时间受限的人提供了更多参与的机会。我希望线上或线上线下相结合的活动继续在全社会盛行。

共享一辆低排放的汽车

如果你真的需要一辆车，请注意，选择合适的车可不是一件小事。曾经流行用“可再生乙醇”替代化石燃料，尽管它是作为一种绿色替代品在营销，却助长了亚马孙雨林为种植甘蔗而砍伐森林的行为。电动汽车作为一种更新且更有前景的替代品，因被视作“环境清洁的”而大受欢迎，这一点在很大程度上是事实，不过它们在生产过程中仍然消耗资源。生产电动汽车的电池需要大约 20 种矿物，包括通过采矿获取的锂、钴、镍和稀土金属，而采矿对世界各地的许多物种构成直接威胁，从拉丁美洲的盐湖平原到几内亚的雨林和斐济的深海。近年来，矿产需求急剧上升，我们呼吁在充分回收利用的同时寻找替代品。不要忘记，电动汽车所需的电能即使来自可再生资源，也是有环境成本的。如果可能，我们可以加入一个汽车共享计划，而不是彻底拥有一辆汽车。这是一个极好的解决方案，目前在大多数地方都可实行。毕竟，绝大多数汽车没有得到充分利用，大部分时间是闲置的。

柔性力量

每个人都可能对他人产生积极影响。永远不要低估你的潜力！

影响你的工作场所

作为一名雇员或雇主，你影响他人的潜力可以造成巨大的影响。检查你的工作场所是否有一个全面和可信的可持续发展战略，以及它是否正在事实上得到实施。如果没有，就想办法让它实施：与管事的人沟通，或者自己动手。公司通常有机会做出重大改变，以减少其环境足迹。鼓励你的雇主参加实现**净零排放**的竞赛，采取一切可能的措施，在快速且基于科学的减排道路上奔向气候正效益。雇员的声音很重要，雇主应该设法提高员工的技能并赋能给员工，例如通过提供碳素养和可持续采购方面的培训，让员工了解自己的工作对环境的影响。重要的是要认识到，抵消碳排放并不能代替绝对的减排，不加区分地购买某些碳计划可能会对生物多样性造成负面影响。需要特别考虑的领域包括对商品和服务的购买，修理、再利用储存设备和资源的能力，商务旅行政策，工作场所的食品和饮料，新建筑的建造和旧建筑的翻新，实现低碳通勤的选择，以及公司影响的透明度报告。

提出关键问题

“这个产品来自哪里？”“你怎么知道这个标签上的信息是真实的？”“这

个成分意味着什么？”我们对在商店和超市里向我们出售服务和商品的公司施加的压力越大，这些公司就越有可能停止销售破坏环境的产品，或者至少会向顾客提供透明的信息，以便顾客做出明智的决定。例如，有太多产品的标签上有“植物油”这一含义隐晦的成分，而它几乎总是代表棕榈油，正如我们在第 9 章看到的，这种商品是印度尼西亚和马来西亚等地砍伐森林的关键驱动因素。除了更清楚地报告产品的成分，我们的诉求会鼓励各大公司提高供应链的透明度，并对其造成的环境和社会影响提供基于证据的评估。在瑞典，大型食品连锁超市 COOP 想出了一个办法，用一个示意图展示 10 个不同的指标（见图 15-1），这是一个很大的进步，尽管在可靠地衡量这些指标方面存在挑战。

类似的问题和诉求也可以向与我们有互动的多个组织提出：我们孩子的学校、我们的合唱团、体育中心、娱乐公园、音乐厅、剧院等。不要羞于采取更进一步的行动，如给本地报纸写信，给广播节目打电话等，以扭转可能对生物多样性造成负面影响的政府决策。我们说得越多，我们就越觉得容易和不尴尬，我们就会越快地改变社会。

有策略地投票

近年来，世界各国领导人对环境问题口惠而实不至的例子屡见不鲜。更糟糕的是，有些领导人甚至积极否认气候变化，并做出与绿色经济发展道路背道而驰的决策。世界各地不同层级的政策制定者 —— 总统和总理、州长和市长，都可以对生物多样性造成深远的影响。他们可以加强或削弱环境立法及其执行力度，批准或拒绝伐木特许权，提高或降低碳排放税，

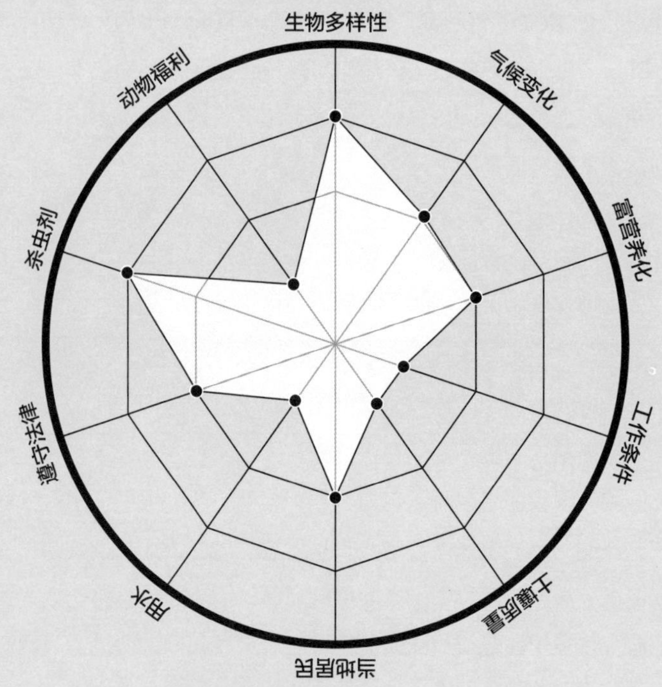

图 _ 15-1　披露产品的社会环境影响

由于我们的消费（特别是食物消费）是生物多样性丧失的最重要驱动因素，我们需要了解各种产品造成的影响，以便做出明智的决定。这幅“蜘蛛网”图显示了一个产品在10个不同变量上造成的相对影响。对于每个变量，圆点离图的中心越远，该产品造成的负面影响就越大。作为消费者，我们可以要求超市及其他产品和服务的供应商公开信息，你不应该非得成为一名环境专家才能进行可持续消费！

禁止对环境造成破坏的商品，等等。他们决定公共开支并管制公共机构（比如军队）的活动，仅英国一国军队的碳足迹就超过了碳排放最低的60个国家和地区的总和。因此，下次选举时，你一定要非常审慎地选择，投给对自然界和生物多样性的重要性的看法与你相同的候选人。

投资和其他行动

捐钱

我们都在交税，但不幸的是，政府使用税收的方式远不足以阻止世界各地的生物多样性丧失和应对气候变化，特别是在收入低而生物多样性高的国家。幸运的是，有许多组织正脚踏实地做着令人称道的工作，比如帮助当地社区开发环境可持续的收入来源，培训并雇用人们来防止保护区的非法砍伐和狩猎，加强儿童的环境教育，等等。这些确确实实是需要的：在非洲，由于偷猎和生境退化，森林象的数量在过去30年间减少超过86%，这些问题影响着全世界成千上万的其他物种。这意味着，通常由非政府组织和其他依靠捐赠的慈善机构进行的生物多样性监测，可以在保护这些物种方面发挥关键作用。

高收入国家的大多数人应该能够拿出月收入的1%捐给他们支持的事业，即便是捐5%也很微不足道。你还可以通过捐赠来帮助补偿某一特定行动造成的排放，比如一次必要的航程。捐赠给自愿补偿项目可以支持对自然界的恢复，为气候和生物多样性带来切实的惠益（虽然这样做并不意味着我们可以像往常一样继续排放碳）。找到合适的项目并不容易，如果你支持可持续发展，比如发展中国家的可再生能源装置，或者支持保护及恢复自然生境，比如雨林、红树林、海草床或泥炭地，那么原则就是找具有必要的专业知识的组织或慈善机构做的项目，你会由此带来积极影响。如果不清楚某个植树活动是否遵循最佳实践，就要对它保持警惕。

虽然很多人喜欢指定其捐款的具体用途，但是我建议找一个你信任的组织，让它把钱用在最需要的地方，而不是用在最吸引公众关注的项目上。我并不反对支持可爱的标志性动物，但是还有许多其他物种和生态系统亟须保护和恢复。人们想要支持的事业很多，可环境工作确实需要更多的钱，而且其得到的资金远少于其他领域。例如，在美国，所有捐款的47% 用于社会事业，31% 用于宗教团体，仅有 3% 用于环境。

注意你的积蓄

每四个人中有三个不知道他们的养老金被投资在了什么地方。许多国家和地区已经采用了自动登记，这意味着人们的养老金会自动进入“默认”基金。尽管这样做很方便，但是这意味着你来之不易的积蓄可能被用于支持采矿、石油和天然气行业，或者其他对环境造成破坏的活动。确保选择越来越受欢迎的具有绿色投资组合的道德金融机构，可以在支持私营企业向可持续发展转型的过程中发挥巨大作用。

记录看到的物种

保护生物多样性的一个主要先决条件是了解每个物种的生活地点。否则，建造下一个工厂可能会摧毁一种稀有蝾螈的整个种群，或者杀死一种以前不为科学所知的植物。随着气候的变化和生境的改变，物种会到达新的地区，并从其他地区消失。幸运的是，帮助绘制世界生物多样性地图，了解其如何随时间变化的全球性努力从未如此容易过。如果你拥有一部智能手机，你可以下载一个名为 iNaturalist[1] 的应用程序，并立即开始记录你看到的物种。你甚至不需要知道你拍摄的是什么物种，因为这个软件会利用人工智能将你的照片与数以百万计的其他照片进行匹配，而且其他用户可以帮助验证识别。这是一个非常有趣的活动，可以在家附近或者在自然界的远足和旅行中与朋友和家人一起做，你将很快学会用最小的付出认识更多物种。一个庞大的社群已经进行了上百万次的物种观察，但还需要更多的观察：我们所有的观察都很重要。

保持好奇心

如果你已经读到这里，那么现在你对生物多样性及其价值、威胁和解决方案的了解比绝大多数人都要多。但不要止步于此。如果有一些特别的事情吸引着你，也许你想更多地了解某一类物种，了解如何在你的社区中支持生物多样性行动，或者想自己成为一名生物多样性科学家，那就继续前进吧！这个世界极度需要自然界的拥护者，而改变就从你开始：你真的可以影响世界。

1. 也可以选择其他应用程序，很重要的一点在于，这个应用程序不向用户提供那些具有商业价值的稀有或受威胁物种的精确坐标，否则可能被偷猎者滥用，这在南非是一个日益严重的问题。

结语：展望未来

我从小就欣赏大自然的无尽之美：不可想象的深度和宇宙中无数的星星，我和父亲通过一架小望远镜进行探索，并在巴西温暖的夜晚促膝长谈；在世界上最具生物多样性的国家里观察围绕着我的无数生命形态。我是何等幸运，我们是何等幸运，能够共享这个神奇的星球！尽管存在很多推测，但我们确实不知道“外面”是否还存在类似的星球。如果存在，它会距离非常遥远，需要几千万年才能到达，而且那里不可能让我们有家的感觉。因此，我们不能放弃地球，它所拥有的生物复杂性就是它自己的一个宇宙，其中大部分内容仍有待揭晓，而其消失的速度比人类历史上任何时候都要快。

我最常收到的问题之一是我是否乐观，是否感到有希望。作为一个科学家，我的观点是由证据塑造的：今天的情况如何，它们随着时间的推移如何变化，以及数学模型可以预测什么。真相则是，情况看起来实在很糟糕，前景也很严峻。我们远没有做到阻止生物多样性的丧失，更不用说扭转了。在我以前的博士生托比亚斯 · 安德曼（Tobias Andermann）主持的一项研究中，我们估计，与自然水平相比，人类活动已经导致哺乳动物的灭绝率增加了 1700 倍，如果目前的趋势继续下去，那么到 21 世纪末将增加到 30000 倍。

因此，乐观和希望在此是无关紧要的，真正要紧的是行动。1972 年，当时的瑞典首相奥洛夫 · 帕尔梅邀请世界各国领导人参加联合国关于环境问题的第一次会议，他敦促他们联合起来，紧急应对已经在进行中的环境破坏问题。从那时起，通过各种条约和公约，各国一再同意为实现这一目的而制定雄心勃勃的目标，却几乎一直未能兑现。2010 年，194 个国家和地区承诺通过 20 个具体目标阻止生物多样性的丧失，最后期限为 2020 年。实际上，到 2020 年结束时，一个目标都没有完全实现。

我们所有人什么时候才会意识到，我们是在咎由自取？从 2001 年到 2020 年，全球有 411 万平方千米的森林（面积是墨西哥的两倍）因森林砍伐而消失，这主要由农业的扩张所驱动。与此同时，世界上超过 90% 的最贫困人口靠森林为生，因此，森林的消失正在危及他们的未来。

这种情况不能再继续了。现在是时候把保护生物多样性和恢复退化的生态系统作为社会各阶层的首要关注点了。我们每个人都必须在我们的家庭、我们的社区、我们的国家以及全球舞台上采取行动。这对我们的未来至关重要，因此联合国在可持续发展目标（目标 14 ：海洋中的生命；目标 15 ：陆地上的生命）的框架下，将生物多样性置于其对我们星球未来愿景的核心。

虽然，有人可能会质疑这种对我们的自然界进行大规模投资（包括时间和金钱）的呼吁，毕竟其他的社会和经济挑战比比皆是；但是，将世界的注意力和资源集中在保护和恢复自然上，不仅有助于阻止我们今天目睹的生物多样性的灾难性丧失，还将直接惠及我们所有人。保护生物多样性将直接有助于对可持续生计的支持，让我们都能过上有价值的健康生活；它将改善全球粮食安全，让我们不太可能经历大范围的饥荒和干旱，后两者正是人类流离失所、社会冲突和战争的主要驱动因素；它将保障人们获取关键的（有时是稀有的）药用植物，以帮助治疗疾病和拯救生命；它将有助于保护流域，以维持和调控我们的自然生境，并为人类和农业提供清洁水源；它还将提高我们在气候变化下的恢复力，在未来几十年乃至几百年里，气候变化将继续考验我们和我们的生存。

以上并不是一份详尽的清单，保护和恢复我们隐蔽的宇宙所带来的惠益，就像星星一样多到无法细数。但是，如果我们要继续作为一个人类物种生活和生存，我们就必须在自然界完全消失、我为时已晚之前，全面清点自然界能给予我们什么，又需要我们提供什么。

坦白讲，我确实无比乐观和希望，其程度与我焦虑的程度相当。正是这三种感觉让我每天早上从床上爬起来，也是它们让我选择了我的职业，并激励我写下这本书。然而，我的希望并不在于“无论如何，一切都会好起来的”，而是我们中有足够多的人，会意识到要彻底改变我们的生活方式，并正确安排我们的优先事项，除此之外别无选择。我的乐观基于这种社会转型：由新的技术进步和基于自然界的解决方案，以及我在本书最后部分列出的行动，这些行动将同时有利于人类的福祉和我们的星球。我的焦虑则在于，这种转变需要太长的时间，在这个过程中，这个世界将失去太多的自然生态系统和物种，或许也包括我们自己。

我们在这个星球的每个角落定居和繁衍的过程中，已经毁掉了不计其数的物种，它们永远地消失了。不过，只要今天的 100 万个物种只是受到威胁而不是完全消失，我们就仍然还有机会。是的，虽然存在非常大的风险，但是我们有可能扭转这一趋势。事实上，如果我们立即开始做，并且做得非常好，趋势扭转可以进展得非常快。我们今天做出的决定将影响生物多样性和我们的星球未来上百万年的命运。

尽管我们在过去犯了很多愚蠢的错误，但是我相信我们都想选择一个不同的未来。在这样的未来里，我们与自然和谐共生。在这样的未来里，我们的索取不会超过我们的真正需要，我们会归还我们过往的索取。在这样的未来里，我孩提时在巴西玩耍并收集种子和昆虫到鞋盒里的那个奇妙森林，将保留千秋万代，供后代继续玩耍并赞叹。在这样的未来里，我们终将意识到我们也是一种动物，来自自然，更离不开自然。

我们是一个物种，不幸的是，这个物种已经设法发展出了破坏自己的宇宙 —— 我们的自然家园的能力。幸运的是，只要我们愿意，我们也是一个有能力让一切恢复正常的物种。我坚信，解决方案就在我们每个人身上。

术语表

（按汉语拼音排序）

D　大加速（Great Acceleration）

自 20 世纪 50 年代以来，与人类活动有关的多种指标快速而普遍地飙升，比如人口增长、森林砍伐率、农业用地和大气中的温室气体。其中有些指标近年来有所下降。

定殖（植）（Colonisation）

一个物种在之前从未到过的一个新的地区或生境成功地立足，比如一条鱼在一个新湖泊中定殖（植），一只鸟来到一个新大陆。

多样性纬度梯度（Latitudinal diversity gradient）

大多数生物类群（比如鸟类、植物和昆虫）在赤道附近具有最高的物种丰富度，随着向南北半球的高海拔地区移动其多样性逐渐减少。

F　仿生学（Biomimetics）

追求受到自然界启发或复制于自然界的解决方案，以应对各种工程问题和其他社会需求。英语又称 biomimicry。

分布范围（Range）

一个物种出现的地理区域。“本地”分布范围指的是一个物种的自然分布区域，而“引入”或“归化”分布范围指的是一个物种由于人类介入或意外引入而新出现的区域。

分类学（Taxonomy）

对生物体（比如物种）进行命名、描述和分类的科学学科。

G　功能（Function）

一个物种或一群物种在一个生态系统中扮演的角色，通常与一种特定的形态（称为性状）相关联，通过与其他物种和环境互动来影响生态系统。例如，许多真菌在其生态系统中起着分解者的作用；猫及其近亲都是食肉动物；羚羊和蝗虫都是食草动物。

功能多样性（Functional diversity）

一个特定系统（比如一个岛屿或一个湖泊）中的生态功能的所有种类。

古核生物（Archaea）

生命之树上的一个分支，在生态学上重要却鲜为人知，其形态微小的物种与细菌有一些共同的性状（比如都由单细胞组成并缺少细胞核），但是其 DNA 与含有细胞核的生物体（比如植物、真菌和动物）更相似。

关键种（Keystone species）

一个对其生态系统中的其他物种有着不成比例的影响的物种，比如稀树草原上的狮子。移除一个关键种会对其他物种的多样性和多度造成深远影响，并能从根本上改变一个生态系统的功能。

H

海洋酸化（Ocean acidification）

海水酸度因大气中二氧化碳浓度的升高而增加，造成对海洋物种的负面影响。

化石记录（Fossil record）

保存在岩石沉积物中的已灭绝生物的序列，它可以说明物种、生态系统和生命形态是如何随着时间和地区的变化而变化的。

J

基因组（Genome）

一个生物体内的整套染色体以及它们所包含的遗传信息，由 DNA 分子（病毒是 RNA 分子）组成。其中既包括用于生产蛋白质的基因（称为编码基因），也包括那些不编码蛋白质的基因，后者的功能（如果有的话）仍有争议。

技术圈（Technosphere）

这个世界由人类建造的部分，包括建筑、公路、机器、铁路、石油平台、人造卫星和其他人造物。

进化（系统发育）多样性（Evolutionary / phylogenetic diversity）

一组物种的进化历史的总和，通常以它们共同的一个祖先为起始的总时间或者它们自身积累的遗传变异来进行衡量。

净零排放（Net zero）

一个指涉中和影响的术语，通常用于描述避免碳排放随时间而增加的目标，是一种通过减少排放和清除过去释放的二氧化碳来减缓全球气候变暖的手段。

L　腊叶标本（Herbarium specimen）

装贴在一大张台纸上被压制和干燥的（全部或部分）植物样本，附有一个标签，包含物种名称、标本采集的准确地点和日期、采集者的姓名以及任何其他相关信息。腊叶标本的收藏被保存在植物标本馆中，并被广泛用作科学参考材料。

M　灭绝债务（Extinction debt）

在一个地区，由于原先的环境退化而必然灭绝的物种的数量。这个数量可以通过物种—面积关系和其他生物学因素（比如物种固有的遗传多样性以及它们对空间、食物来源和性伴侣的需求）进行预测。

Q　气候耐受性（Climatic tolerance）

一个物种或个体所能忍耐的或发现最适合生存的一套气候条件，比如温度、降雨量和季节性的范围。

趋同进化（Convergent evolution）

一些远缘物种（或生物类群）在相似的环境压力下，作为进化的结果变得彼此相似的一种自然现象。例如，某些美洲仙人掌和非洲大戟属植物，它们以相似的方式适应干燥的环境，还有海豚和金枪鱼，它们流线型的躯体最适于长时间快速游动。

R　冗余性（Redundancy）

一个健康的生态系统中的许多物种趋向于表现出相似的生态功能，比如稀树草原上的各种食虫鸟，沙滩上的各种钻洞蠕虫。

入侵物种（Invasive species）

从另一个地区引入的物种（也称为非本地物种或外来物种），其繁殖和扩散的方式会对被入侵的生态系统造成伤害。

S　生产资本（Produced capital）

由人类生产的商品或结构体，比如公路、建筑、机器和其他形式的基础设施。

生命形态（Life forms）

生物类群的另一种称法，一个物种也可以被称为一种生命形态。

生命之树（Tree of Life）

通过研究物种的遗传或形态差异，推断物种之间如何通过共同的祖先相关联，并用图形加以表征。系统发育的另一种称法。

生态灭绝（Ecocide）

一种新提议的国际犯罪，以认定个人、公司或政府的非法或恶意行为对环境造成的严重且广泛的破坏。

生态系统（Ecosystem）

一种与特定环境中的物理成分相互作用的物种组合。例如热带雨林、稀树草原和珊瑚礁。

生态系统服务（Ecosystem services）

自然界为我们提供的大量惠益，这些惠益与生物多样性的健康生态系统存在固有联系。通常分为供给服务（食物、药物、纤维、建筑材料）、文化服务（娱乐、生态旅游）和调控服务（传粉、水净化、气候调节、洪水控制、碳固存）。参见自然对人类的贡献。

生态系统工程师（Ecosystem engineers）

在塑造一个生态系统的过程中发挥关键作用的物种，比如河狸建造水坝，啄木鸟因觅食而给其他鸟类和小型哺乳动物创造洞巢。

生物地理学（Biogeography）

旨在记录和了解生物多样性在世界范围内如何分布以及如何随时间变化的科学学科。

生物多样性（Biodiversity）

地球上所有生命的多样性。英语由 biological diversity 缩写而成，至少包括五个部分：物种多样性、遗传多样性、进化（或系统发育）多样性、功能多样性和生态系统多样性。

生物多样性公约（Convention on Biological Diversity）

由绝大多数国家签署的一揽子国际协议，旨在保护和可持续利用世界上的生物多样性，并公平和公正地分享从中产生的惠益。

生物类群（Organism groups）

用来指代相关联的一群生物体，通常用于物种以上的分类等级。例如，蛙类（包括其所有组成物种）构成一个生物类群，脊椎动物则是一个包含蛙类在内的更广泛的生物类群。

生物区系（Biota）

属于一个特定区域（比如一个岛屿或生态系统）的全部物种。

W **微生物组（Microbiome）**

共存于一个生物体或器官（比如人类的肠道）中的所有微生物，包括细菌、病毒和真菌。

微塑料（Microplastics）

由塑料产品和垃圾（比如摇粒绒外套和塑料袋）分解产生的小于 5 毫米的微小塑料碎片。小于 1000 纳米（0.001 毫米）的碎片被称为纳米塑料。

物候学（Phenology）

研究自然界中的自然现象发生的时间，比如树木的开花和结果时间，某些鱼类的季节性迁移。

物种（Species）

物种是生物多样性的基本和最广泛使用的单位，通常被定义为包括所有可以通过有性繁殖相互交换基因的个体。不过，存在许多备选的物种概念，没有普适的标准可以适用于每一个生物类群。

物种丰富度（Species richness）

一个地区的物种数量。又称 α 多样性、分类学多样性或物种多样性。

物种—面积关系（Species-area relationship）

在其他条件相同的情况下，一个地区的面积与它自然包含的物种数量之间存在证据充分的统计学关系。

物种形成（Speciation）

形成新物种的过程。

X **系统发育（Phylogeny）**

显示物种之间关系的进化树，又称生命之树。

形态（Form）

一个物种的形态、形状或结构。大多数物种在形态上是相互区别的，尽管有些区别可能是隐性的。英语又称 morphology。

循环化生产（Circular production）

其产品的制造和服务的提供，寻求重复使用并回收材料和能源，以实现长期的环境可持续性，避免进一步开采自然资源的需求。

Y **亚种（Subspecies）**

物种的一个子类，用于定义一组个体或种群，它们随着时间的推移可能会进化成不同的物种，但不同亚种的成员之间仍然能够成功地进行生育。

遗传多样性（Genetic diversity）

属于同一种群或物种的所有个体的遗传物质（包括 DNA 序列、基因和等位基因）的所有种类。

隐种（Cryptic species）

在形态上看起来很容易识别的物种，但实际上是由多个不同的进化实体组成的，通过详细的遗传学或生态学分析，可以揭示这些进化实体的独立物种地位。

Z **自然对人类的贡献（Nature's contributions to people）**

生态系统服务的另一种称法，它更明确地包含由生态系统及其生物多样性所提供的对人们生活质量的广泛非物质贡献，比如精神、文化、娱乐和其他价值。

自然资本（Natural capital）

一个地区或生态系统的自然资产，包括其所有的生物体、土壤、水、空气和矿物。

参考文献

我已经尽最大努力在本书中提供准确的信息，同时避免专业术语以及总是与自然界和科学研究相关联的复杂性。以下我提供了一些供进一步阅读的一般性和具体建议，包括各章中所有关键陈述的信息来源。请注意，并不是所有的文献都可以免费获取全文，特别是科学论文；但是你几乎总是可以免费阅读其概要（或摘要），或者直接向大学图书馆或作者索取论文副本。

邱园的使命：

Royal Botanic Gardens, Kew, *Our manifesto for change 2021-2030* (2021).

我的研究工作：

Antonelli Lab

在邱园图书馆和档案馆探索更多的生物多样性资料：

Royal Botanic Gardens, Kew, 'Library and Archives.'

获取邱园收藏的目录：

Royal Botanic Gardens, Kew, 'Collections Catalogues.'

背景介绍

天文学发现，历史上以及新近的研究：

Alfred, R., 'Dec. 30, 1924: Hubble Reveals We Are Not Alone.' *Wired* (30 December 2009).

Johnson, G., Miss Leavitt's Stars: The Untold Story of the Woman Who Discovered How to Measure the Universe. (W. W. Norton Company, 2015)

NASA, Goddard Space Flight Center, 'Biography of Edwin Powell Hubble (1889 – 1953).'

NASA, 'Dark Energy, Dark Matter'. *Science.nasa.gov* (October, 2021).

Siegel, Ethan, Starts With A Bang, 'How Much Of The Unobservable Universe Will We Someday Be Able To See?' *Forbes* (5 March 2019).

早期人类对生物多样性的探索：

Ben-Dor, M. et al., 'Man the Fat Hunter: The Demise of Homo erectus and the Emergence of a New Hominin Lineage in the Middle Pleistocene (ca. 400 kyr) Levant.' *PLOS ONE* 6 (2011): e28689.

Brumm, A. et al., 'Age and context of the oldest known hominin fossils from Flores.' *Nature* 534 (2016): 249–253.

Diamond, J. M., *Guns, Germs and Steel: The Fates of Human Societies* (Jonathan Cape, 1997)

Pan, S.-Y. et al., 'Historical perspective of traditional indigenous medical practices: the current renaissance and conservation of herbal resources.' *Evidence-Based Complementary and Alternative Medicine* (2014): 525340.

林奈的研究工作：

Blunt, W., *Linnaeus: The Complete Naturalist* (Princeton University Press, 2002)

'Carolus Linnaeus.' *Britannica* (2021).

生命之树：

Baker, W. J. et al., 'A Comprehensive Phylogenomic Platform for Exploring the Angiosperm Tree of Life.' preprint. *Evolutionary Biology* (2021).

Hinchliff, C. E. et al., 'Synthesis of phylogeny and taxonomy into a comprehensive tree of life.' *Proceedings of the National Academy of Sciences* 112 (2015): 12764–12769.

瑞典的海洋生物清单：

Obst, M. et al., 'Marine long-term biodiversity assessment suggests loss of rare species in the Skagerrak and Kattegat region.' *Marine Biodiversity* 48 (2018): 2165–2176.

Willems, W. et al., 'Meiofauna of the Koster-area, results from a workshop at the Sven Lovén Centre for Marine Sciences (Tjärnö, Sweden).' *Meiofauna Marina* 17 (2009): 1–34

对物种多样性和发现的估计：

Costello, M. J. et al., 'Can we name Earth's species before they go extinct?'. *Science* 339(6118):413-6.

Locey, K. J. and Lennon, J. T., 'Scaling laws predict global microbial diversity.' *Proceedings of the National Academy of Sciences* 113 (2016): 5970–5975.

Mora, C. et al., 'How Many Species Are There on Earth and in the Ocean?' *PLOS Biology* 9 (2011): e1001127.

Wu, B. et al., 'Current insights into fungal species diversity and perspective on naming the environmental DNA sequences of fungi.' *Mycology* 10 (2019): 127–140.

人类的微生物组：

Gilbert, J. et al., 'Current understanding of the human microbiome.' *Nature medicine* 24 (2018): 392–400.

Huttenhower, C. et al., 'Structure, function and diversity of the healthy human microbiome.' *Nature* 486 (2012): 207–214.

'**NIH** Integrative Human Microbiome Project .' (2021).

Yatsunenko, T. et al., 'Human gut microbiome viewed across age and geography.' *Nature*, 486 (2012): 222–227.

树木的昆虫多样性：

Erwin, T. L. and Scott, J. C., 'Seasonal and Size Patterns, Trophic Structure, and Richness of Coleoptera in the Tropical Arboreal Ecosystem: The Fauna of the Tree Luehea seemannii Triana and Planch in the Canal Zone of Panama.' *The Coleopterists Bulletin* 34 (1980): 305–322

生物多样性的多个维度：

Swenson, N. G., 'The role of evolutionary processes in producing biodiversity patterns, and the interrelationships between taxonomic, functional and phylogenetic biodiversity.' *American Journal of Botany* 98 (2011): 472–480.

本地的生物多样性知识：

Berlin, B., *Ethnobiological Classification: Principles of Categorization of Plants and Animals in Traditional Societies* (Princeton University Press, 1992)

Gillman, L. N. and Wright, S. D., 'Restoring indigenous names in taxonomy.' *Communications Biology* 3 (2020): 1–3.

第1章

英国蝙蝠：

Barlow, K. E. and Jones, G., 'Pipistrellus nathusii (Chiroptera: Vespertilionidae) in Britain in the mating season.' *Journal of Zoology* 240 (1996): 767–773.

Bat Conservation Trust

Jones, G. and Van Parijs, S. M., 'Bimodal Echolocation in Pipistrelle Bats: Are Cryptic Species Present?' *Proceedings: Biological Sciences* 251 (1993): 119–125

兰花传粉：

Antonelli, A. et al. 'Pollination of the Lady's slipper orchid (Cypripedium calceolus) in Scandinavia – taxonomic and conservational aspects'. *Nordic Journal of Botany* 27(4): 266-273 (2019).

Knapp, S., *Extraordinary Orchids*. Chicago University Press (2021)

真菌的科学发现：

Cheek, M. et al., 'New scientific discoveries: Plants and fungi.' *PLANTS, PEOPLE, PLANET* 2 (2020): 371–388.

Douglas, B., 'The Lost and Found Fungi project.' *Kew Read & Watch* (1 February 2016).

世界上最大的生物体：

Anderson, J. B. et al., 'Clonal evolution and genome stability in a 2500-year-old fungal individual.' *Proceedings of the Royal Society B: Biological Sciences* 285 (2018): 20182233.

猛犸象 DNA：

van der Valk, T. et al., 'Million-year-old DNA sheds light on the genomic history of mammoths.' *Nature* 591 (2021): 265–269.

基因在物种间的流动：

Jónsson, H. et al., 'Speciation with gene flow in equids despite extensive chromosomal plasticity.' *Proceedings of the National Academy of Sciences* 111 (2014): 18655–18660

Lexer, C. et al., 'Gene flow and diversification in a species complex of Alcantarea inselberg bromeliads.' *Botanical Journal of the Linnean Society* 181 (2016): 505–520.

尼安德特人与人类的杂交繁殖：

Green, R. E. et al., 'A Draft Sequence of the Neandertal Genome.' *Science* 328 (2010): 710–722.

全球性物种观察：

GBIF: The Global Biodiversity Information Facility, *'What is GBIF?'* (2021).

岛屿生物地理学理论：

Drakare, S., Lennon, J. J. and Hillebrand, H., 'The imprint of the geographical, evolutionary and ecological context on species–area relationships.' *Ecology Letters* 9 (2006): 215–227.

MacArthur, R., Wilson, E.O., *The Theory of Island Biogeography*. Princeton University Press (1967)

亚马孙雨林的树木多样性：

ter Steege, H. et al., 'Hyperdominance in the Amazonian Tree Flora.' *Science* 342 (2013): 1243092.

ter Steege, H. et al., 'Towards a dynamic list of Amazonian tree species.' *Scientific Reports* 9 (2019): 3501.

Valencia, R., Balslev, H. and Paz Y Miño C G., 'High tree alpha-diversity in Amazonian Ecuador.' *Biodiversity & Conservation* 3 (1994): 21–28.

物种的稀缺性：

Enquist, B. J. et al., 'The commonness of rarity: Global and future distribution of rarity across land plants.' *Science Advances* 5 (2019): eaaz0414.

Zizka, A. et al., 'Finding needles in the haystack: where to look for rare species in the American tropics.' *Ecography* 41 (2018): 321–330.

第 2 章

咖啡研究：

Borrell, J. S. et al., 'The climatic challenge: Which plants will people use in the next century?' *Environmental and Experimental Botany* 170 (2020): 103872.

Moat, J. et al., 'Resilience potential of the Ethiopian coffee sector under climate change.' *Nature Plants* 3 (2017): 1–14.

Davis, A.P. et al., 'Arabica-like flavour in a heat-tolerant wild coffee species'. *Nature Plants* 7 (2021): 413–418.

白蜡树枯梢病：

Hill, L. et al., 'The £15 billion cost of ash dieback in Britain.' *Current Biology* 29 (2019): R315–R316.

Stocks, J. J. et al., 'Genomic basis of European ash tree resistance to ash dieback fungus.' *Nature Ecology & Evolution* 3 (2019): 1686–1696.

加拉帕戈雀鸟：

Grant, P. R. and Grant, B. R., 'Unpredictable Evolution in a 30Year Study of Darwin's Finches.' *Science* 296 (2002): 707–711.

Ahmed, F. 'Profile of Peter R. Grant'. *Proceedings of the National Academy of Sciences* 107

(13) (2010): 5703–5705.

人类和果蝇的遗传多样性：

Condon, M. A. et al., 'Hidden Neotropical Diversity: Greater Than the Sum of Its Parts.' *Science* 320 (2008): 928–931.

National Institutes of Health (US) and Biological Sciences Curriculum Study, *Understanding Human Genetic Variation* (National Institutes of Health (US), 2007).

哺乳动物的平均寿命：

Hagen, O. et al., 'Estimating Age-Dependent Extinction: Contrasting Evidence from Fossils and Phylogenies'. *Systematic Biology* 67(3): 458–473.

海枣的古 DNA ：

Pérez-Escobar, O. A. et al., 'Archaeogenomics of a ~2,100-year old Egyptian leaf provides a new timestamp on date palm domestication.' preprint. *bioRxiv* (2020).

邱园千年种子库合作伙伴：

'**Kew Millennium Seed Bank.**'

'Celebrating 20 years of the Millennium Seed Bank and Millennium Seed Bank Partnership.' *Samara* 36 (2020): 1-20

第3章

袋狼的灭绝：

Boyce, J., 'Canine Revolution: The Social and Environmental Impact of the Introduction of the Dog to Tasmania.' *Environmental History* 11 (2006): 102–129.

Brass, K., 'The $55,000 search to find a Tasmanian tiger.' *Australian Women's Weekly* (24 September 1980): 40-41

'**Thylacine**.' *Britannica* (2021).

估计不同物种的时间：

Kumar, S. et al., 'TimeTree: A Resource for Timelines, Timetrees, and Divergence Times.' *Molecular Biology and Evolution* 34 (2017): 1812–1819.

计算系统发生（进化）多样性的不同方法：

Tucker, C. M. et al., 'A guide to phylogenetic metrics for conservation, community ecology and macroecology.' *Biological Reviews* 92 (2017): 698–715.

第 4 章

山地的实验研究：

The GLORIA Network

Swiss Federal Institute for Forest, Snow and Landscape Research WSL, 'International **Tundra Experiment ITEX**.'

功能多样性和性状：

Lefcheck, J., 'What is functional diversity, and why do we care?' *sample (ECOLOGY)* (20 October 2014).

Shi, Y. et al., 'Tree species classification using plant functional traits from LiDAR and hyperspectral data.' *International Journal of Applied Earth Observation and Geoinformation* 73 (2018): 207–219.

Stuart-Smith, R. D. et al., 'Integrating abundance and functional traits reveals new global hotspots of fish diversity.' *Nature* 501 (2013): 539–542.

第 5 章

洪堡的旅行和遗产：

'**Alexander von Humboldt Anniversary collection**.' *Nature Ecology & Evolution* (30 August 2019).

'**Humboldt's legacy.**' *Nature Ecology & Evolution* 3 (2019): 1265–1266.

Journal of Biogeography 46(8) (2019): i-iv, 1625-1900

Rooks, T., 'How Alexander von Humboldt put South America on the map.' *Deutsche Welle (DW)* (12 July 2019).

Wulf, A., *The Invention of Nature: The Adventures of Alexander von Humboldt, the Lost Hero of Science* (Hodder & Stoughton: 2015)

生态系统及其边界：

Antonelli, A., 'Biogeography: Drivers of bioregionalization.' *Nature Ecology & Evolution* 1 (2017): 0114.

Arakaki, M. et al., 'Contemporaneous and recent radiations of the world's major succulent plant lineages'. *Proceedings of the National Academy of Sciences* 108 (20): 8379–8384 (2011).

'Köppen climate classification.' *Britannica* (2021).

大型生态系统稳态的转换：

Cooper, G. S., Willcock, S. and Dearing, J. A., 'Regime shifts occur disproportionately faster in larger ecosystems.' *Nature Communications* 11 (2020): 1175.

咸海的死亡：

Synott, M., 'Sins of the Aral Sea.' *National Geographic* (1 June 2015).

第 6 章

我和同事对茜草科（包括奎宁）的部分研究：

Andersson, L. and Antonelli, A., 'Phylogeny of the tribe Cinchoneae (Rubiaceae), its position in Cinchonoideae, and description of a new genus, Ciliosemina.' *TAXON* 54 (2005): 17–28.

Antonelli, A. et al., 'Tracing the impact of the Andean uplift on Neotropical plant evolution.' *Proceedings of the National Academy of Sciences* 106 (2009): 9749–9754.

Traverso, V., 'The tree that changed the world map'. *BBC Travel.*

Walker, K., Nesbitt, M., *Just the Tonic: A natural history of tonic water.* (Royal Botanic Gardens, Kew, 2019)

马蹄蟹:

Arnold, C., 'Horseshoe crab blood is key to making a COVID-19 vaccine —— but the ecosystem may suffer.' *National Geographic* (2 July 2020).

植物和真菌的多种用途:

Antonelli, A. et al., *State of the World's Plants and Fungi 2020* (Royal Botanic Gardens, Kew, 2020).

Royal Botanic Gardens, Kew (ed.), 'Special Issue: Protecting and sustainably using the world's plants and fungi.' *PLANTS, PEOPLE, PLANET* 2 (2020): 367-579.

植物作为微量营养素的来源:

'11 Plant-Based Foods Packed With Zinc.' *EcoWatch* (7 April 2016).

Thomas, L., 'Sources of Selenium.' *News-Medical.net* (14 April 2021).

Ware, M., 'Selenium: What it does and how much you need.' *Medical News Today* (19 May 2021).

香蕉枯萎病:

Dita, M. et al., 'Fusarium Wilt of Banana: Current Knowledge on Epidemiology and Research Needs Toward Sustainable Disease Management.' *Frontiers in Plant Science* 9 (2018): 1468.

Espiner, T., 'Do we need to worry about banana blight?' *BBC News* (15 August 2019).

FAO (Food and Agriculture Organization), 'Banana facts and figures.' *fao.org*

生物多样性作为一种资产:

Dasgupta, P., *The economics of biodiversity: the Dasgupta review: full report* (HM Treasury, 2021)

适应气候的作物的早期使用：

Madella, M. et al., 'Microbotanical Evidence of Domestic Cereals in Africa 7000 Years Ago.' *PLOS ONE* 9 (2014): e110177.

Reed, K. and Ryan, P., 'Lessons from the past and the future of food.' *World Archaeology* 51 (2019): 1–16.

第7章

鲸鱼腐烂：

Glover, A., 'What happens when whales die?' *NHM - What on Earth?*

黄石公园重新引入狼：

Farquhar, B., 'Wolf Reintroduction Changes Yellowstone Ecosystem.' *Yellowstone National Park* (30 June 2021).

Peglar, T., 'What Happened to Yellowstone's Wolves After Reintroduction in 1995?' *Yellowstone National Park* (30 June 2021).

Smith, D.W., Stahler, D.R., MacNulty, D.R. (eds.), *Yellowstone Wolves: Science and Discovery in the World's First National Park* (Chicago University Press, 2020).

关键种：

Biologydictionary.net Editors, 'Keystone Species – Definition and Examples.' *Biology Dictionary* (25 December 2017).

BirdNote and McCann, M., 'Woodpeckers as Keystone Species.' *Audubon* (20 August 2013).

夏威夷半边莲：

Antonelli, A., 'Have giant lobelias evolved several times independently? Life form shifts and historical biogeography of the cosmopolitan and highly diverse subfamily Lobelioideae (Campanulaceae).' *BMC Biology* 7 (2009): 82.

Givnish, T. J. et al., 'Origin, adaptive radiation and diversification of the Hawaiian lobeliads (Asterales: Campanulaceae).' *Proceedings of the Royal Society B: Biological Sciences* 276 (2009): 407–416.

第 8 章

《华盛顿邮报》的评论文章：

Antonelli, A. and Perrigo, A., 'Opinion | We must protect biodiversity.' *Washington Post* (15 December 2017).

Antonelli, A. and Perrigo, A., 'The science and ethics of extinction.' *Nature Ecology & Evolution* 2 (2018): 581.

Pyron, R. A., 'Perspective | We don't need to save endangered species. Extinction is part of evolution.' *Washington Post* (22 November 2017).

自然的权利：

GARN (Global Alliance for the Rights of Nature), 'What is Rights of Nature?'

'Rights of nature.' *United Nations* (2021).

亚马孙雨林火灾的博客：

Antonelli, A., 'The Amazon is burning. Will the world just watch?' *Kew Read & Watch* (23 August 2019).

第 9 章

生境消失和土地使用加剧对生物多样性的影响：

Díaz, S. et al., 'Pervasive human-driven decline of life on Earth points to the need for transformative change.' *Science* 366 (2019): 1327.

Ellis, E. C. et al., 'People have shaped most of terrestrial nature for at least 12,000 years.' *Proceedings of the National Academy of Sciences* 118 (2021): e2023483118.

Godfray, H. C. J. et al., 'Meat consumption, health, and the environment.' *Science* 361 (2018): 243.

大加速及其放缓：

Dorling, D. *Slowdown: The end of the Great Acceleration – and Why It's Good for the Planet, the Economy, and Our Lives.* (Yale University Press, 2020).

魔鳉：

NatureServe, 'IUCN Red List of Threatened Species: Cyprinodon diabolis.' *IUCN Red List of Threatened Species* (2014).

昆虫减少：

Hallmann, C. A. et al., 'More than 75 percent decline over 27 years in total flying insect biomass in protected areas.' *PLOS ONE* 12 (2017): e0185809.

McCarthy, M., *The moth snowstorm: nature and joy* (John Murray, 2015)

Seibold, S. et al., 'Arthropod decline in grasslands and forests is associated with landscape-level drivers' *Nature* 574 (2019): 671–674.

湿地消失：

Davidson, N. C., 'How much wetland has the world lost? Long-term and recent trends in global wetland area.' *Marine and Freshwater Research* 65 (2014): 934–941.

马达加斯加的草地：

Solofondranohatra, C. L. et al., 'Fire and grazing determined grasslands of central Madagascar represent ancient assemblages.' *Proceedings of the Royal Society B: Biological Sciences* 287 (2020): 20200598.

第 10 章

爬宠交易：

Marshall, B. M., Strine, C. and Hughes, A. C., 'Thousands of reptile species threatened by under-regulated global trade.' *Nature Communications* 11 (2020): 4738.

木材业与鉴定:

Meier, E., 'Restricted and Endangered Wood Species.' *The Wood Database*

World Bank, 'Forests Generate Jobs and Incomes.'

WWF (World Wildlife Fund), 'Responsible Forestry | Timber.'

象牙和大象减少:

Barnes, R.F.W., 'Is there a future for elephants in West Africa?'. *Mammal Review* 29(3): 175–200. (04 January 2002).

Flamingh, A. de et al., 'Sourcing Elephant Ivory from a Sixteenth-Century Portuguese Shipwreck.' *Current Biology* 31 (2021): 621-628.e4.

Sayol, F. et al., 'Anthropogenic extinctions conceal widespread evolution of flightlessness in birds'. *Science Advances* 6 (49). (2020).

Temming, M., 'Ivory from a 16th century shipwreck reveals new details about African elephants.' *Science News* (17 December 2020).

第 11 章

降雨量变化:

Hausfather, Z., 'Explainer: What climate models tell us about future rainfall.' *Carbon Brief* (19 January 2018).

温室气体来源:

C2ES (Center for Climate and Energy Solutions), 'Global Emissions.' *c2es.org* (6 January 2020).

人类气候生态位:

Gorvett, Z., 'The never-ending battle over the best office temperature.' *BBC Worklife* (20 June 2016).

Xu, C. et al., 'Future of the human climate niche.' *Proceedings of the National Academy of Sciences* 117 (2020): 11350–11355.

对气候变化的适应或分散生存：

Quintero, I. and Wiens, J. J., 'Rates of projected climate change dramatically exceed past rates of climatic niche evolution among vertebrate species.' *Ecology Letters* 16 (2013): 1095–1103.

Román-Palacios, C. and Wiens, J. J., 'Recent responses to climate change reveal the drivers of species extinction and survival.' *Proceedings of the National Academy of Sciences* 117 (2020): 4211–4217.

山地、气候和生物多样性：

Hoorn, C., Perrigo, A. and Antonelli, A. (eds.), *Mountains, Climate and Biodiversity* (Wiley Blackwell, 2018)

Perrigo, A., Hoorn, C. and Antonelli, A., 'Why mountains matter for biodiversity.' *Journal of Biogeography* 47 (2020): 315–325.

物种分布范围的转移记录：

Morueta-Holme, N. et al., 'Strong upslope shifts in Chimborazo's vegetation over two centuries since Humboldt.' *Proceedings of the National Academy of Sciences* 112 (2015): 12741–12745.

Parmesan, C. et al., 'Poleward shifts in geographical ranges of butterfly species associated with regional warming.' *Nature* 399 (1999): 579–583.

Parmesan, C. and Yohe, G., 'A globally coherent fingerprint of climate change impacts across natural systems.' *Nature* 421 (2003): 37–42.

物候学变化：

BBC, 'Japan's cherry blossom "earliest peak since 812".' *BBC News* (30 March 2021).

对极地物种的影响：

WWF (World Wildlife Fund), '11 Arctic species affected by climate change.'

珊瑚礁与气候变化：

IUCN (International Union for Conservation of Nature), 'Coral reefs and climate change.' *IUCN Issues Brief* (6 November 2017).

1.5°C与 2.0°C的差异：

Thompson, A., 'What's in a Half a Degree? 2 Very Different Future Climates.' *Scientific American* (17 October 2018).

Warren, R. et al., 'The projected effect on insects, vertebrates, and plants of limiting global warming to 1.5°C rather than 2°C .' *Science* 360 (2018): 791–795.

碳排放与海洋酸化：

Doney, S. C. et al., 'Ocean Acidification: The Other CO_2 Problem.' *Annual Review of Marine Science* 1 (2009): 169–192.

Dupont, S. and Pörtner, H., 'Get ready for ocean acidification.' *Nature* 498 (2013): 429.

'Global CO_2 -emissions.' *The World Counts*

极端天气：

Leslie, T., Byrd, J. and Hoad, N., 'See how global warming has changed the world since your childhood.' *ABC News* (5 December 2019)

澳大利亚灌丛大火：

BBC, 'Australian bush fires: Royal Botanic Gardens storing seeds.' *BBC News* (7 February 2020).

Gutiérrez, P. et al., 'How fires have spread to previously untouched parts of the world.' *The Guardian* (19 February 2021).

Readfearn, G. and Morton, A., 'Almost 3 billion animals affected by Australian bushfires, report shows.' *The Guardian* (28 July 2020).

第 12 章

入侵塌陷：

Crego, R. D., Jiménez, J. E. and Rozzi, R., 'A synergistic trio of invasive mammals?

Facilitative interactions among beavers, muskrats, and mink at the southern end of the Americas.' *Biological Invasions* 18 (2016): 1923–1938.

瑞典的入侵牡蛎：

Swedish Agency for Marine and Water Management

海洋污染：

National Geographic Society, 'Marine Pollution.' *nationalgeographic.org* (3 July 2019).

海鸟体内的塑料：

Briggs, H., 'Plastic pollution: "Hidden" chemicals build up in seabirds.' *BBC News* (31 January 2020).

塑料与人类健康：

Rasool, F. N. et al., 'Isolation and characterization of human pathogenic multidrug resistant bacteria associated with plastic litter collected in Zanzibar.' *Journal of Hazardous Materials* 405 (2021): 124591.

Vethaak, A. D. and Legler, J., 'Microplastics and human health.' *Science* 371 (2021): 672–674.

避孕药及其对鱼类的影响：

Kidd, K. A. et al., 'Collapse of a fish population after exposure to a synthetic estrogen.' *Proceedings of the National Academy of Sciences* 104 (2007): 8897–8901.

Nikoleris, L., *The estrogen receptor in fish and effects of synthetic estrogens in the environment – Ecological and evolutionary perspectives and societal awareness*. PhD Thesis. (Centre for Environmental and Climate Science (CEC) and Department of Biology, Faculty of Science, Lund University, 2016)

化学品污染：

UNEP (United Nations Environment Programme), 'Global Chemicals Outlook II. From

Legacies to Innovative Solutions: Implementing the 2030 Agenda for Sustainable Development'
'The Different Kinds of Chemical Pollution.' *The World Counts*
Wang, Z. et al., 'Toward a Global Understanding of Chemical Pollution: A First Comprehensive Analysis of National and Regional Chemical Inventories.' *Environmental Science & Technology* 54 (2020): 2575–2584.

淡水鱼类的减少：
WWF (World Wildlife Fund) et al., *The World's Forgotten Fishes* (WWF, 2021)

光污染：
Irwin, A., 'The dark side of light: how artificial lighting is harming the natural world.' *Nature* 553 (2018): 268–270.
Owens, A. C. S. et al., 'Light pollution is a driver of insect declines.' *Biological Conservation* 241 (2020): 108259.
UNEP (United Nations Environment Programme), 'Global light pollution is affecting ecosystems —— what can we do?' *unep.org* (13 March 2020).

海洋中的噪声污染：
Duarte, C. M. et al., 'The soundscape of the Anthropocene ocean.' *Science* 371 (2021): 583.

野生动物的传染病：
Daszak, P., Cunningham, A. A. and Hyatt, A. D., 'Emerging Infectious Diseases of Wildlife – Threats to Biodiversity and Human Health.' *Science* 287 (2000): 443–449.
Grange, Z. L. et al., 'Ranking the risk of animal-to-human spillover for newly discovered viruses.' *Proceedings of the National Academy of Sciences* 118 (2021).
Morand, S. and Lajaunie, C., 'Outbreaks of Vector-Borne and Zoonotic Diseases Are Associated With Changes in Forest Cover and Oil Palm Expansion at Global Scale.' *Frontiers in Veterinary Science* 8 (2021): 661063.
Scheele, B. C. et al., 'Amphibian fungal panzootic causes catastrophic and ongoing loss

of biodiversity.' *Science* 363 (2019): 1459–1463.

第13章

再造林的黄金法则及声明：

Brewer, G., '10 golden rules for restoring forests.' *Kew Read & Watch* (26 January 2021).

The Declaration Drafting Committee, 'Kew declaration on reforestation for biodiversity, carbon capture and livelihoods'. *Plants, People, Planet.* (12 October 2021).

Sacco, A. D. et al., 'Ten golden rules for reforestation to optimize carbon sequestration, biodiversity recovery and livelihood benefits.' *Global Change Biology* 27 (2021): 1328–1348.

再造林会议：

Royal Botanic Gardens, Kew, 'Reforestation for Biodiversity, Carbon Capture and Livelihoods Conference.' (24-26 February 2021).

基于自然的解决方案：

Nature-Based Solutions Initiative

阻止生物多样性丧失：

Díaz, S. et al., 'Pervasive human-driven decline of life on Earth points to the need for transformative change.' *Science* 366 (2019): 1327.

Leclère, D. et al.: 'Bending the curve of terrestrial biodiversity needs an integrated strategy.' *Nature* 585 (2020): 551–556.

公路的总长度及其对生物多样性的影响：

Barber, C. P. et al., 'Roads, deforestation, and the mitigating effect of protected areas in the Amazon.' *Biological Conservation* 177 (2014): 203–209.

Hoff, K. and Marlow, R., 'Impacts of vehicle road traffic on desert tortoise populations with consideration of conservation of tortoise habitat in southern Nevada.' *Chelonian*

Conservation and Biology 4 (2002): 449–456.

保护区的有效性：

Geldmann, J. et al., 'A global analysis of management capacity and ecological outcomes in terrestrial protected areas.' *Conservation Letters* 11 (2018): e12434.

Geldmann, J. et al., 'A global-level assessment of the effectiveness of protected areas at resisting anthropogenic pressures.' *Proceedings of the National Academy of Sciences* 116 (2019): 23209–23215.

Watson, J. E. M. et al., 'The performance and potential of protected areas.' *Nature* 515 (2014): 67–73.

划定植物保护的优先区域：

Kew Science News, 'Ebo Forest logging plans suspended.' *Kew Read & Watch* (19 August 2020).

'Tropical Important Plant Areas (TIPAs).'

生物多样性保护观点的变化：

Mace, G. M., 'Whose conservation?' *Science* 345 (2014): 1558–1560.

生态灭绝：

Antonelli, A. and Thiel, P., 'Ecocide must be listed alongside genocide as an international crime.' *The Guardian* (22 June 2021).

Stop Ecocide International

全氟烷基物质 (PFAS)：

EPA (United States Environmental Protection Agency), 'Basic Information on PFAS.'

Schrenk, D. et al., 'Risk to human health related to the presence of perfluoroalkyl substances in food.' *EFSA Journal* 18 (2020): e06223.

Silva, A. O. D. et al., 'PFAS Exposure Pathways for Humans and Wildlife: A Synthesis of Current Knowledge and Key Gaps in Understanding.' *Environmental Toxicology and Chemistry* 40 (2021): 631–657.

未来的食物消耗：

FAO (Food and Agriculture Organization), *The future of food and agriculture – Trends and challenges* (Food and Agriculture Organization of the United Nations, 2017)

Potter, N., 'Can We Grow More Food in 50 Years Than in All of History?' *ABC News* (2 October 2009). A

食物浪费：

Depta, L., 'Global Food Waste and its Environmental Impact.' (September 2018)

FAO Technical Platform on the Measurement and Reduction of Food Loss and Waste: USDA (U.S. Department of Agriculture), 'Food Waste FAQs.'

仿生学：

'**Biomimetics**.' *Wikipedia* (2021).

自然资本与生产资本的投资：

Dasgupta, P., *The economics of biodiversity: the Dasgupta review (full report)* (HM Treasury, 2021)

延迟行动的代价：

Vivid Economics and Natural History Museum, *The Urgency of Biodiversity Action* (Natural History Museum, 2021)

新西兰经济增长的新模式：

Te Tai ōhanga – The Treasury, 'Wellbeing Budget 2021: Securing Our Recovery.' (2021)

第 14 章

食物

肉类消费对环境和健康的影响：

Godfray, H. C. J. et al., 'Meat consumption, health, and the environment.' *Science* 361 (2018): 243.

Mekonnen, M. M. and Hoekstra, A. Y., *The green, blue and grey water footprint of farm animals and animal products* (UNESCOIHE Institute for Water Education, 2010)

Pimentel, D. and Pimentel, M., 'Sustainability of meat-based and plant-based diets and the environment.' *The American Journal of Clinical Nutrition* 78 (2003): 660S-663S.

抗生素的渗漏：

Chen, N., 'Maps Reveal Extent of China's Antibiotics Pollution.' *News Updates* - Chinese *Academy of Sciences* (15 July 2015).

Tiseo, K. et al., 'Global Trends in Antimicrobial Use in Food Animals from 2017 to 2030.' *Antibiotics* 9 (2020): 918.

吃昆虫：

van Huis, A. et al., *Edible insects: future prospects for food and feed security* (Food and Agriculture Organization of the United Nations, 2013)

未开发的植物与真菌多样性：

Antonelli, A. et al., *State of the World's Plants and Fungi 2020* (Royal Botanic Gardens, Kew, 2020).

Royal Botanic Gardens, Kew (ed.), 'Special Issue: Protecting and sustainably using the world's plants and fungi.' *PLANTS, PEOPLE, PLANET* 2 (2020): 367-579.

菌蛋白 / 真菌：

Department of Food Science University of Copenhagen (UCPH FOOD), 'Growing sustainable oyster mushrooms on by-products.' *Department of Food Science News* (2 July 2020).

Souza Filho, P. F. et al., 'Mycoprotein: environmental impact and health aspects.' *World Journal of Microbiology and Biotechnology* 35 (2019): 147.

藻类生产：

Sudhakar, M. P. and Viswanaathan, S. 'Algae as a Sustainable and Renewable Bioresource for Bio-Fuel Production' in Singh, J. S. and Singh, D. P. (eds) *New and Future Developments* *in Microbial Biotechnology and Bioengineering* (Elsevier, 2019), pp. 77–84.

浪费食物:

Freier, A., 'Pity the Ugly Carrot – It Could Reduce Our Food Waste.' *Medium* (27 September 2019).

面向可持续发展的公司倡议:

Sustainable Markets Initiative

United Nations Global Compact

在家里

来自濒危树种的木材:

BGCI (Botanic Gardens Conservation International), 'ThreatSearch.'

Fauna & Flora International and BGCI (Botanic Gardens Conservation International), 'Global Trees Campaign.'

Meier, E., 'Restricted and Endangered Wood Species.' *The Wood Database*

做清洁:

BH&G Editors, 'How to Clean Almost Every Surface of Your Home With Vinegar.' *Better Homes & Gardens* (10 March 2020)

化妆品:

Botanical Trader, 'Are Cosmetics Bad For The Environment?' *Botanical Trader* (20 January 2019).

针对气候的计划生育:

Lunds University, 'The four lifestyle choices that most reduce your carbon footprint.' *Lunds University News* (12 July 2017).

Wynes, S. and Nicholas, K. A., 'The climate mitigation gap: education and government recommendations miss the most effective individual actions.' *Environmental Research Letters* 12 (2017): 074024.

烹饪能源：

Hager, T. J. and Morawicki, R., 'Energy consumption during cooking in the residential sector of developed nations: a review.' *Food Policy* 40 (2013): 54–63.

太阳能：

Evans, S., 'Solar is now "cheapest electricity in history", confirms IEA.' *Carbon Brief* (13 October 2020).

猫对生物多样性的影响：

Farmer, C. and Sizemore, G., 'For Rare Hawaiian Birds, Cats Are Unwelcome Neighbors.' *Birdcalls – News and Perspectives on Bird Conservation* (27 February 2016).

Hawaii Invasive Species Council, 'Feral Cats.' *dlnr.hawaii.gov* (21 January 2016).

Loss, S. R., Will, T. and Marra, P. P., 'The impact of free-ranging domestic cats on wildlife of the United States.' *Nature Communications* 4 (2013): 1396.

Medina, F. M. et al., 'A global review of the impacts of invasive cats on island endangered vertebrates.' *Global Change Biology* 17 (2011): 3503–3510.

Platt, J. R., 'Hawaii's Invasive Predator Catastrophe.' *The Revelator* (24 June 2020).

猫狗食物消耗对环境的影响：

Okin, G. S., 'Environmental impacts of food consumption by dogs and cats.' *PLOS ONE* 12: e0181301 (2017).

狗与仓鼠：

Power, J., 'How big is your pet's environmental paw-print?' *The Sydney Morning Herald* (1 September 2019).

猫狗素食带来的挑战：

Dowling, S., 'Can you feed cats and dogs a vegan diet?' *BBC Future* (4 March 2020).

家里的后院

生活在城市地区的人们：

Ritchie, H. and Roser, M., 'Urbanization.' *Our World in Data* (2018).

花园对生物多样性的影响：

Gaston, K. J. et al., 'Urban domestic gardens (II): experimental tests of methods for increasing biodiversity.' *Biodiversity & Conservation* 14 (2005): 395.

第 15 章

交通

不同旅行方式的碳足迹：

Ritchie, H., 'Which form of transport has the smallest carbon footprint?' *Our World in Data* (2020).

汽车造成的空气污染：

EPA (United States Environmental Protection Agency), 'Research on Health Effects, Exposure, & Risk from Mobile Source Pollution.' (7 December 2016).

通勤距离：

Textor, C., 'Average distance travelled for commuting purposes in China in 2020, by city size (in kilometers)', *Statista* (10 June 2020).

柔性力量

英国军队的碳排放:

Parkinson, S. and SGR (Scientists for Global Responsibility), *The Environmental Impacts of the UK Military Sector* (Scientists for Global Responsibility & Declassified UK, 2020)

降低公司对环境的影响:

Carbon Literacy

Carbon Offset Guide

Race To Zero

Science Based Targets

Sustainability at the workplace

产品标签的进步和挑战:

Perrigo, A. et al., 'The full impact of supermarket products.' *Springer Nature Sustainability Community* (16 July 2020).

投资和其他行动

偷猎大象:

Gill, V., 'Extinction: Elephants driven to the brink by poaching.' *BBC News* (25 March 2021).

美国捐款的各项占比:

Charity Navigator, 'Giving Statistics.' *charitynavigator.org* (2018).

标志性动物投资太多带来的问题:

Bee, S., 'F*ck The Pandas: Ugly Animals Deserve Your Attention Too.' *Full Frontal with Samantha Bee* (28 January 2021).

养老金如何使用：

Mustoe, H., 'What's your pension invested in?' *BBC News* (7 March 2021).

Simon, E., 'Majority of workers don't know where pension funds invested.' *Corporate Adviser* (18 December 2019).

结语

人类驱动的哺乳动物灭绝：

Andermann, T. et al., 'The past and future human impact on mammalian diversity.' *Science Advances* 6 (2020): eabb2313.

奥洛夫 · 帕尔梅的演讲：

Palme, O., 'Statement by Prime Minister Olof Palme in the Plenary Meeting, June, 6, 1972' in *UN Conference on the Human Environment* (Swedish Delegation to the UN Conference on the Human Environment, 1972).

爱知生物多样性目标的结果：

Díaz, S. et al., 'Pervasive human-driven decline of life on Earth points to the need for transformative change.' *Science* 366 (2019): 1327.

Secretariat of the Convention on Biological Diversity, *Global Biodiversity Outlook* 5 (Montreal, 2020)

全球森林消失：

Global Forest Watch

Global Forest Watch, 'Global Forest Watch Dashboard.'

2020 年世界森林状况：

FAO (Food and Agriculture Organization) and UNEP (United Nations Environment Programme), *The State of the World's Forests 2020*. (FAO and UNEP, 2020).

可持续发展的目标：

United Nations, 'The 17 Sustainable Development Goals.' *sdgs.un.org* (2015).

与自然和平相处：

UNEP (United Nations Environment Programme), *Making Peace with Nature: A scientific blueprint to tackle the climate, biodiversity and pollution emergencies* (Nairobi, 2021)

致谢

作为一名科学家，写一本科普书就是一次冒险旅程，有点像冒险进入亚马孙雨林的腹地或者在非洲东部山地徒步旅行，寻找新的或鲜为人知的物种。幸运的是，我得到了大量的鼓励和支持，让这本书开花结果。

感谢我的编辑 Albert DePetrillo 和 Hana Teraie-Wood，是他们相信这本书并帮助我共同开发；感谢 Rhian Smith、Joseph Calamia、Claes Bernes、Michael Bright、Heather McLeod、Josephine Maxwell 提供了出色的反馈和编辑支持；感谢 Gina Fullerlove、Ciara O’Sullivan、Michael McCarthy 和 Allison Perrigo 从一开始就给予的鼓励；感谢 Richard Deverell 和 Sandra Botterell 充分支持这个想法；感谢 Lizzie Harper 和 Meghan Spetch 绘制了精美的插图，Harith Farooq 和 Stephen Smith 也提供了额外的帮助；感谢 Martyn Ainsworth、Mónica Arakaki、Elinor Breman、Bethanie Carney Almroth、William Baker、Nataly Canales、Paul Cannon、Mark Chase、Carly Cowell、Aaron Davis、Victor Deklerck、Sam Dupont、Johan Eklöf、Christer Erséus、Oscar Pérez Escobar、Kate Evans、Søren Faurby、Harith Farooq、Peter Gasson、Kate Hardwick、Ulf Jondelius、Gareth Jones、Kirsten Knudsen、Matthias Obst、Carla Maldonado、Mark Nesbitt、Tuula Niskanen、Catalina Pimiento、Rachel Purdon、Hélène Ralimanana、Ferran Sayol、Per Sundberg、Maria Vorontsova 和 Kim Walker 为本书的特定主题提供事

实核查和专家意见；感谢我在英国、瑞典、巴西以及其他国家和地区的伟大同事和朋友，人数众多，无法在此一一提及，但是他们多年来慷慨地分享着他们的知识，帮助我塑造了关于这本书的想法。

最后，我还要感谢我的妻子安娜和我们的孩子玛丽亚、克拉拉和加布里埃尔，感谢他们与我就生物多样性进行了无数次的晚餐交谈；感谢他们帮助我共同制定并实践了许多建议，都是关于提升家庭和其他地方的环境可持续生活方式的解决方案；感谢我们共同决定将我们多年的家庭积蓄用于保护和恢复巴西的雨林，我也会把这本书的所有收入捐给这个项目。